中国政府奖学金本科来华留学生预科教育

"数理化精讲精练"系列编委会

物理 精讲精练

AN INTENSIVE GUIDE TO
PHYSICS—INSTRUCTION AND PRACTICE

总主编 刘 涛 张 狄 林 柱
主 编 张 狄 贾 艳

北京语言大学出版社
BEIJING LANGUAGE AND CULTURE
UNIVERSITY PRESS

© 2023 北京语言大学出版社，社图号 23104

图书在版编目（CIP）数据

物理精讲精练 / 刘涛，张狄，林柱总主编 ；张狄，贾艳主编. —— 北京 ：北京语言大学出版社，2023.12
ISBN 978-7-5619-6325-8

Ⅰ.①物… Ⅱ.①刘… ②张… ③林… ④贾… Ⅲ.①物理学－高等学校－教学参考资料 Ⅳ.①O4

中国国家版本馆 CIP 数据核字 (2023) 第 213687 号

物理·精讲精练
WULI · JING JIANG JING LIAN

排版制作：北京青侣文化创意设计有限公司
责任印制：周 燚

出版发行：北京语言大学出版社
社　　址：北京市海淀区学院路 15 号，100083
网　　址：www.blcup.com
电子信箱：service@blcup.com
电　　话：编辑部　　8610–82303647/3592/3395
　　　　　国内发行　8610–82303650/3591/3648
　　　　　海外发行　8610–82303365/3080/3668
　　　　　北语书店　8610–82303653
　　　　　网购咨询　8610–82303908
印　　刷：北京富资园科技发展有限公司

版　　次：2023 年 12 月第 1 版　　　印　　次：2023 年 12 月第 1 次印刷
开　　本：787 毫米 × 1092 毫米　1/16　　印　　张：12
字　　数：178 千字
定　　价：55.00 元

PRINTED IN CHINA
凡有印装质量问题，本社负责调换。售后QQ号1367565611，电话010–82303590

前　言

本书为中国政府奖学金生专用教材——《物理》（第2版）的配套练习用书，适用于来华学习相关专业的预科生，旨在促进留学生的物理知识由母语向汉语转化，并提高物理知识技能。

鉴于来华预科生多为汉语零基础水平，加之为兼顾知识的全面性和体系性，《物理》的大部分篇幅为对物理知识的讲解，语言表述相对较难，并且练习题数量相对较少，学生在实际使用中的练习强度相对较低。因此，为解决上述问题，我们特别编写了这样一本练习用书，用来整合知识体系，完善教学辅导材料。

第一，与教材大段的文字描述和讲解不同，本书将教材中的重要知识点进行简化、提炼和总结，为学生抓住复习关键点提供便利。

第二，本书从汉语学习的角度出发，从教材中提炼出学生学习需要的基础词汇与表达方式，帮助学生夯实用汉语学习物理的基础，助力学生物理知识的转化。

第三，理工科目的学习离不开练习，精讲多练一直是教学的基本要求。因此，本书编写了丰富的练习题，对教材进行拓展和补充，可以使学生得到更加全面的训练，构建完整的知识体系；同时，本书立足大纲，面向考试，着重训练学生的读题能力和解题能力，为接下来的大学课程学习做好铺垫，更加符合预科与大学教学衔接的要求。

本书中标"＊"的部分为选学内容，学生可根据自身学习情况灵活学习相关内容。

综上所述，本书是一本全面、完善、针对性强的教学辅导用书，知识点清晰凝练、用语准确、练习题丰富，在预科物理教学中可以起到非常好的辅助和促进作用。

目　录

第一章 力

一、基础知识

第一节 力

1. 基础知识

(1) 力的基本概念：力是物体与物体之间的相互作用。

(2) 力的三要素包括：力的大小、力的方向和力的作用点。

(3) 力的单位是牛顿，简称牛，用符号 N 表示。

(4) 力是一个矢量。

2. 例题

(1) 力的三要素包括＿＿＿＿＿、＿＿＿＿＿、＿＿＿＿＿。

　　[答案]：力的大小；力的方向；力的作用点

(2) 力是物体与物体之间的＿＿＿＿＿，力的单位是＿＿＿＿＿，简称＿＿＿＿＿，符号是＿＿＿＿＿。

　　[答案]：相互作用；牛顿；牛；N

*(3) 关于自然界的四种基本力，下列说法正确的是（　　）。

　　①万有引力是一切物体之间存在的一种力

　　②电磁相互作用力是带电体之间、磁体之间存在的一种力

　　③强相互作用力是放射现象中起作用的一种力

　　④弱相互作用力是原子核内的基本粒子之间的一种力

　　A. ①②　　　B. ③④　　　C. ①③　　　D. ②④

[答案]：A

[详解]：万有引力：存在于一切物体之间，是四种基本力中最弱的力。

电磁相互作用力：作用于原子或者分子范围内，表现为同性相斥、异性相吸。

强相互作用力：四种基本力中最强的力，作用范围最短，表现为原子核内部的力。

弱相互作用力：常见于核反应、放射现象、质子衰变成中子。

3. 练习题

（1）选择题

①下列关于力的概念错误的是（　　　）。

  A. 没有物体就没有力

  B. 有受力物体时，一定有施力物体

  C. 有施力物体时，不一定有受力物体

  D. 只有一个物体时，不会有力

*②力的作用是相互的，下列现象中没有利用这一原理的是（　　　）。

  A. 船前行时，要用桨向后划水

  B. 人向前跑步时，要向后下方蹬地

  C. 火箭起飞时要向下方喷气

  D. 头球攻门时要向球门方向用力顶球

*③小明用桨向后划水，使船前进的力的施力物体是（　　　）。

  A. 船桨　　　　B. 船　　　　　C. 小明　　　　D. 水

*④在足球比赛中，一前锋队员面对对方的守门员，用脚轻轻地将球一挑，足球在空中画过一道弧线进入球门。若不计空气阻力，使足球在空中飞行时运动状态发生变化的施力物体是（　　　）。

  A. 前锋队员　　B. 地球　　　　C. 守门员　　　　D. 足球

（2）填空题

①用手拍桌子，桌子受到手施加给它的力，同时手也感到痛，这是因为手受到了_____给的作用力。大量的事实表明，物体间力的作用是_____的。

②力是物体与物体之间的_____，力的单位是_____，简称_____，符号是_____。

③力具有_____（填"矢量性"或"标量性"）。

④力的_____、_____和_____共同决定了力的作用效果。

（3）做图题

①如图1所示，用50 N沿与水平方向成30°的力斜向上拉小车，画出拉力的示意图。

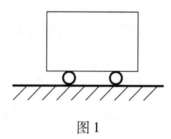

图1

②如图2所示，水平地面上放置的物体，在 $F = 4$ N的水平向右的拉力作用下向右运动，物体同时受到3 N的阻力，画出物体在水平方向受的力的示意图。

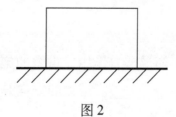

图2

第二节　常见的各种力

1. 基础知识

（1）重力：重力是由于地球对物体的吸引而使物体受到的力。

（2）重心：重心就是重力的作用点。

（3）弹力产生的条件有两个：接触和发生弹性形变。

（4）滑动摩擦力：相互接触的两个物体，一个物体在另一个物体表面相对滑动时受到的阻碍它相对滑动的力。

（5）重力公式：$G = mg$。这里 G 是物体的重力，m 是物体的质量，g 是重力加速度。

（6）胡克定律：在一定弹性限度内，弹簧的弹力的大小 f 和弹簧的形变量 x 成正比，即 $f = kx$。这里，f 是弹簧弹力，k 是弹簧的劲度系数，x 是弹簧的形变量。

（7）滑动摩擦力公式：滑动摩擦力 f 的大小与物体相互之间的正压力 f_N 成正比，关系式表达为：$f = \mu f_N$。这里，f 是滑动摩擦力，μ 为动摩擦因数，f_N 是正压力。

（8）物体受力有相对运动趋势，但并未发生相对滑动时，产生的摩擦叫作静摩擦，静摩擦力的最大值就是最大静摩擦力 f_{max}，$0 \leqslant f_静 \leqslant f_{max}$。

2. 例题

（1）地球上的一切物体都受重力作用，重力的施力物体是_____，重力的受力物体是_____。重力的方向是_____，重力 G 与物体的质量 m 的关系是_____。

[**答案**]：地球；一切物体；竖直向下；$G = mg$

（2）下列关于力的说法正确的是（　　　）。

A. 力能离开施力物体和受力物体而独立存在

B. 力不能离开施力物体，但可以离开受力物体

C. 受力物体同时也是施力物体，施力物体同时也是受力物体

D. 力一定有受力物体，但不一定有施力物体

[答案]：C

[详解]：力的物质性决定了任一个力必和两个物体相联系，两个物体间力的作用总是相互且同时发生的。

（3）在世界壮汉大赛上有拉汽车前进的一项比赛，如图是某壮汉正通过绳索拉汽车运动，此时汽车所受拉力的施力物体和受力物体分别是（　　）。

A. 壮汉、汽车　　　　　　　B. 壮汉、绳索

C. 绳索、汽车　　　　　　　D. 汽车、绳索

[答案]：C

[详解]：要研究的对象是汽车，直接对汽车产生拉力的是绳索而不是壮汉，汽车所受拉力是绳索和汽车之间的相互作用，故其施力物体是绳索，受力物体是汽车。

（4）下列关于弹力产生的说法正确的是（　　）。

A. 只要两物体相接触就一定产生弹力

B. 只要两物体相互吸引就一定产生弹力

C. 只要物体发生形变就一定有弹力产生

D. 只有发生弹性形变的物体才会对与它接触的物体产生弹力作用

[答案]：D

[详解]：根据弹力的产生条件，接触和弹性形变缺一不可。A、C 都只是弹力产生条件的一个方面，而 B 中的"相互吸引"，只能证明有力存在，但不一定是弹力，故选 D。

（5）计算题：一根轻质弹簧，当受到一个大小为 16 N 的拉力作用时，该弹簧的伸长量是 4 cm。该弹簧的劲度系数是多大？

[详解]：由胡克定律 $f = kx$ 可知，$k = \dfrac{f}{x}$。

$$4 \text{ cm} = 0.04 \text{ m}$$

$$k = \frac{f}{x} = 16 \div 0.04 = 400 \text{ N/m}$$

（6）计算题：求放在水平桌面上的质量为 $m = 0.05$ kg 的墨水瓶受到的重力大小及方向。（g 取 10 N/kg）

[详解]：由重力公式 $G = mg$ 可知，$G = mg = 0.05 \times 10 = 0.5$ N。重力的方向始终是竖直向下的。

（7）一物体置于粗糙水平地面上，按图中所示不同的放法，在水平力 F 的作用下运动。设地面与物体各接触面的动摩擦因数相等，则该物体受到的摩擦力的大小关系是（   ）。

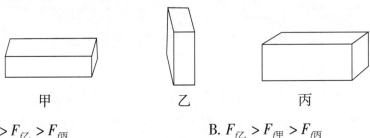

甲　　　　　　　　乙　　　　　　　　丙

A. $F_{f甲} > F_{f乙} > F_{f丙}$　　　　　　　　B. $F_{f乙} > F_{f甲} > F_{f丙}$

C. $F_{f丙} > F_{f乙} > F_{f甲}$　　　　　　　　D. $F_{f甲} = F_{f乙} = F_{f丙}$

[答案]：D

[详解]：由滑动摩擦力公式 $f = \mu f_N$ 可知，摩擦力大小与动摩擦因数和正压力大小有关，与接触面积无关。

3. 练习题

重力

（1）选择题

①下列关于重力的说法正确的是（   ）。

A. 重力的方向是垂直向下的

B. 只有与地面接触的物体才受到重力的作用

C. 重力的方向是竖直向下的

D. 苹果下落过程中速度越来越快是由于苹果受到的重力越来越大

②如果没有重力，下列说法不正确的是（　　）。

　　A. 河水不再流动，再也看不见大瀑布

　　B. 人一跳起来就离开地面，再也回不来

　　C. 杯里的水将倒不进口里

　　D. 物体将失去质量

③足球运动员把足球踢向空中，若不计空气阻力，则表示足球在空中飞行的受力图正确的是（G 表示重力，F 表示脚对球的作用力）（　　）。

　　A.　　　　B.　　　　C.　　　　D.

④下列关于重力的说法正确的是（　　）。

　　A. 向上抛出的篮球在上升过程中没有受到重力的作用

　　B. 汽车在坡路上向下行驶，受到的重力是垂直于坡面的

　　C. 物体的重心一定在物体上

　　D. 地面附近的物体在没有支持物的时候，要向地面降落，这是由于物体受到重力的作用

（2）填空题

①一个质量为 60 kg 的宇航员在地球上受到的重力是＿＿＿＿＿ N，当他飞到月球上时，他的质量为 ＿＿＿＿＿ kg，所受的重力 ＿＿＿＿＿（填"变大""变小"或"不变"）。

②物体在月球上受到的重力约为在地球上所受重力的 $\frac{1}{6}$，将 12 kg 的物体放在月球上，其质量是 ＿＿＿＿＿ kg；一个在地球能举起 100 kg 杠铃的运动员，在月球上能举起＿＿＿＿＿ kg 的物体。

③一个质量为 0.2 kg 的苹果从树上落下，这是由于苹果受到_____的作用，这个力的施力物体是_____，受力物体是_____。这个力的大小为_____ N，方向是_____。（g 取 10 N/kg）

④俗话说："人往高处走，水往低处流。"在这句话中，"水往低处流"是因为水受到_____的缘故。

（3）计算题

①有一质量是 300 g 的瓶子，瓶内装有重 4.5 N 的水，求：（g 取 10 N/kg）

    a. 瓶和水的总质量。

    b. 瓶和水的总重力。

②一个孩子的质量为 4000 g，则他受到的重力是多少？重力加速度的方向是?

弹力·摩擦力

（1）选择题

①下列几种测量工具中，用来测量力的大小的工具是（   ）。

    A. 刻度尺   B. 弹簧测力计

    C. 天平   D. 温度计

②下列四个力中，不是弹力的是（　　）。

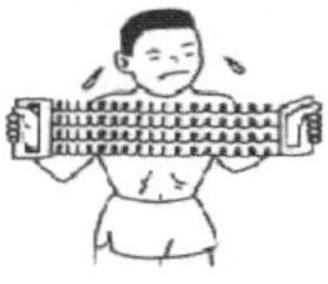

| 手对弹簧的
拉力 |  手对铁条的
压力 |  手对弓的
拉力 | 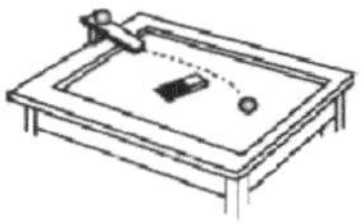 磁体对小铁球的
吸引力 |
| A. | B. | C. | D. |

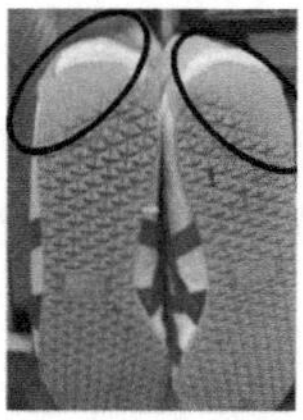

③穿久了的运动鞋鞋底磨损得厉害，因为鞋底受到（　　）。

A. 重力　　　　　　　　B. 摩擦力

C. 压力　　　　　　　　D. 支持力

④两本书的书页交叉叠放在一起后很难拉开，是因为拉书时书页间会产生较大的（　　）。

A. 重力　　B. 弹力　　C. 压力　　D. 摩擦力

（2）填空题

①穿着鞋底刻有花纹的运动鞋打球，是为了增大鞋与地面的＿＿＿＿＿＿，防止滑倒。

②小明用力拉长橡皮筋，将"纸弹"弹出去，其中，橡皮筋发生了＿＿＿＿＿（填"弹性"或"塑性"）形变，此过程产生的＿＿＿＿＿力使"纸弹"的＿＿＿＿＿（填"形状"或"运动状态"）发生了改变。

③一根弹簧长 15 cm，其下端挂 5 N 的重物时，弹簧伸长 4 cm。当其下端挂 3 N 的重物时，弹簧伸长＿＿＿＿＿ cm；若弹簧长度为 20 cm，则它所受的拉力为＿＿＿＿＿N。（弹簧未超过弹性限度）

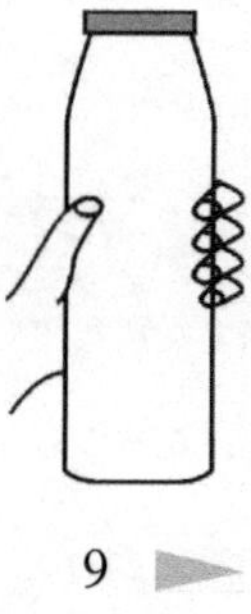

④如图所示，用手握住重 5 N 的瓶子，手与瓶子间的摩擦是静摩擦，此时瓶子受到的静摩擦力大小为＿＿＿＿＿N，方向为＿＿＿＿＿（填"竖直向下"或"竖直向上"）。

（3）计算题

①一根弹簧挂 0.5 N 的物体时长度为 12 cm，挂 1 N 的物体时长度为 14 cm，则弹簧的原长是多少？

②一根弹簧原长为 15 cm，挂上一个重物后，长度伸长了 3 cm，设弹簧的劲度系数为 100 N/cm，则此时弹簧的弹力是多少？

第三节　力的合成与分解

1. 基础知识

（1）力的合成：实际生活中，物体不只受到一个力的作用，经常会同时受到多个力的作用。我们可以用等效法求出这样的一个力，这个力产生的效果与原来的几个力产生的效果相同，这个力就叫那几个力的合力，求这几个力的合力就叫力的合成。

（2）共点力：如果几个力都作用在物体的同一点，或者它们的作用线相交于一点，这几个力叫作共点力。

（3）力的分解：实际生活中，我们不仅仅需要求力的合成，有时也需要把一个力分解为几个力，这几个力的作用效果与原来的那个力的作用效果相同，这几个力就叫作分力。力的分解是力的合成的逆过程。

（4）平行四边形法则：以 F_1、F_2 为邻边做平行四边形，则平行四边形的对角线方向就是合力 F 的方向，对角线线段的长度就代表合力 F 的大小。如果两个力的夹角用 α 表示，合力 F 与分力 F_1、F_2 的关系为：

$$F = \sqrt{F_1^2 + F_2^2 + 2F_1F_2\cos\alpha}$$

2. 例题

（1）物体受共点力 F_1 和 F_2 作用，其大小分别是 $F_1 = 6\,\text{N}$、$F_2 = 10\,\text{N}$，则无论这两个力之间的夹角为何值，它们的合力不可能是（　　）。

A. 5 N　　　　B. 10 N　　　　C. 16 N　　　　D. 18 N

[答案]：D

[详解]：由公式可知 $|F_1 - F_2| \leqslant F \leqslant F_1 + F_2$，即 $4\,\text{N} \leqslant F \leqslant 16\,\text{N}$。选项 A、B、C 可能，选 D。

*（2）如图所示，两个人共同用力将一个牌匾拉上墙头。其中一人用了 450 N 的拉力，另一人用了 600 N 的拉力，如果这两个人所用拉力的夹角是 90°，求它们的合力。

[答案]：750 N；方向竖直向上

[详解]：
$$F_{合} = \sqrt{F_1^2 + F_2^2}$$
$$= \sqrt{450^2 + 600^2}$$
$$= 750\,\text{N} \quad (\text{方向竖直向上})$$

3. 练习题

（1）选择题

①物体受共点力 F_1 和 F_2 作用，其大小分别是 $F_1 = 7\,\text{N}$、$F_2 = 9\,\text{N}$，则无论这两个力之间的夹角为何值，它们的合力不可能是（　　）。

A. 5 N　　　　B. 10 N　　　　C. 16 N　　　　D. 18 N

②F_1沿水平方向向右，大小为 9 N，F_2沿竖直方向向上，大小为 12 N，则这两个力的合力的大小为（　　）。

A. 21 N　　　　　B. 3 N　　　　　C. 14 N　　　　　D. 15 N

③作用在同一物体上的两个力，大小分别为 7 N 和 10 N，其合力大小可能是（　　）。

A. 1 N　　　　　B. 2 N　　　　　C. 13 N　　　　　D. 18 N

④两个力 F_1、F_2 合成后是 F_3，下列对应的四组 F_1、F_2、F_3 值中，可能成立的是（　　）。

A. 5 N、8 N、14 N　　　　　　　B. 16 N、2 N、12 N

C. 3 N、4 N、8 N　　　　　　　D. 4 N、20 N、17 N

⑤一个物体受到两个力的作用，大小分别是 5 N 和 7 N，其合力 F 大小的范围是（　　）。

A. 2 N≤F≤12 N　　　　　　　B. 4 N≤F≤10 N

C. 6 N≤F≤10 N　　　　　　　D. 4 N≤F≤6 N

⑥两个互相垂直的力大小分别是 6 N 和 8 N，其合力大小为（　　）。

A. 1 N　　　　　B. 5 N　　　　　C. 10 N　　　　　D. 9 N

⑦两个力 F_1、F_2 合成后是 F_3，下列对应的四组 F_1、F_2、F_3 值中，不可能成立的是（　　）。

A. 5 N、7 N、8 N　　　　　　　B. 6 N、5 N、9 N

C. 2 N、8 N、10 N　　　　　　　D. 3 N、4 N、8 N

⑧力 F_1 和 F_2 是共点力，它们的合力 F = 3 N，方向向左。已知 F_1 的大小为 4 N，方向向左，则 F_2 的大小及方向是（　　）。

A. 1 N，方向向右　　　　　　　B. 7 N，方向向左

C. 1 N，方向向左　　　　　　　D. 7 N，方向向右

（2）填空题

①作用在同一物体上的两个力大小分别是 10 N 和 15 N，其合力大小的范围是_____。

②物体处于静止状态，则物体所受的合力为_____。

③两个共点力的合力最大值为 35 N，最小值为 5 N，则这两个力的大小分别为_____ N、_____ N。

④作用在同一物体上的两个力，大小分别是 5 N 和 20 N，其合力最大是_____ N，此时两个力的方向_____。

⑤作用在同一物体上的两个力，大小分别是 10 N 和 15 N，其合力大小的范围是_____。

⑥作用在同一物体上的两个力，大小分别是 3 N 和 15 N，其合力大小的范围是_____。

⑦一个方向向右、大小为 10 N 的力，将其分解为两个大小不同的力，有_____种分解方式。

⑧一个力，方向向右，大小为 8 N，将其进行分解，其中分解的一个力大小为 2 N，方向向右，那么另一个力的方向是_____，大小为_____。

（3）做图题

①如图所示，一辆小车在倾斜木块上滑动，画出小车的受力示意图。

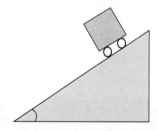

②一个竖直向上的 180 N 的力分解为两个分力，其中一个分力方向水平向右、大小为 240 N。

　a. 用作图工具，画出合力和已知分力的图示。

　b. 用作图法得出另一分力的大小和方向。

（4）计算题

①同一直线上的两个力的合力为 1000 N，其中一个力的大小为 400 N，求另一个力的大小。

②把一个质量为 m 的物体放在倾角为 θ 的斜面上，分别以平行于斜面和垂直于斜面的方向为 x 轴和 y 轴建立直角坐标系，把重力分解为平行于斜面方向的分力 Fx 和垂直于斜面方向的分力 Fy。在图中作出分力 Fx 和 Fy，并求两个分力的大小。

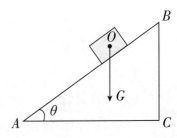

二、 本章知识点结构图

力的概念：力是物体与物体之间的相互作用

力的三要素：力的大小、力的方向、力的作用点

力 — 常见的三种力
- 重力：$G = mg$
- 弹力：胡克定律 $f = kx$
- 摩擦力
  - 滑动摩擦力：$f = \mu f_N$
  - 静摩擦力：$0 \leq f \leq f_{max}$

力的运算
- 合成
- 分解：按照力的作用效果分解

三、 本章知识归纳

1. 力是物体与物体之间的相互作用。

2. 力的三要素：力的大小、力的方向、力的作用点。

3. 力是一个矢量。

4. 重力的公式：$G = mg$。

5. 重力的方向是竖直向下，重力加速度的方向是竖直向下。

6. 重力的作用点是重心。

7. 重力是由于地球对物体的吸引而使物体受到的力。

8. 弹力公式 $f = kx$。

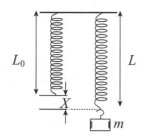

弹簧原长为 L_0	弹簧原长为 L_0
弹簧伸长 X	弹簧缩短 X
弹簧伸长了 X	弹簧缩短了 X
弹簧伸长为 L	弹簧缩短为 L
弹簧伸长到 L	弹簧缩短到 L
挂物体时，弹簧长度为 L	弹簧长度为 L

9. 滑动摩擦力公式 $f = \mu f_N$。

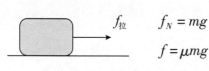

$f_N = mg$

$f = \mu mg$

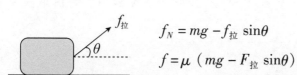

$f_N = mg - f_拉 \sin\theta$

$f = \mu (mg - F_拉 \sin\theta)$

10. 合力的范围：$|F_1 - F_2| \leqslant F \leqslant F_1 + F_2$。

四、 书后习题详解

1. [答案]: C

   [详解]: $F_{合} = \sqrt{F_1^2 + F_2^2} = 5$ N。

2. [答案]: A

   [详解]: $x = l - l_0$，$mg = k(l - l_0)$，$2mg\sin 30° = k(l - l_0)$可化简 $mg = k(l - l_0)$。所以，$l_2 = l_1$。

3. [答案]: A

   [详解]: 力的单位是牛顿，简称牛，用符号 N 表示。

4. [答案]: D

   [详解]: $x = l - l_0 = 7 - 5 = 2$ cm $= 0.02$ m，$f = 10$ N。由胡克定律 $f = kx$，$k = \dfrac{f}{x} = 10 \div 0.02 = 500$ N/m。

5. [答案]: D

   [详解]: $F_{合} = \sqrt{F_1^2 + F_2^2} = 5$ N。

6. [答案]: B

   [详解]: $|F_1 - F_2| \leqslant F \leqslant F_1 + F_2$，所以 3 N $\leqslant F_{合} \leqslant$ 15 N，只有选项 B 符合。

7. [答案]: B

   [详解]: $x = l - l_0 = 1$ cm，$f = 2$ N，由胡克定律 $f = kx$，$k = \dfrac{f}{x} = \dfrac{2}{1} = 2$ N/cm。

   $f = kx$，$k = \dfrac{f}{x} = \dfrac{8}{2} = 4$ N/cm，$l = l_0 + x = 10 + 4 = 14$ cm。

8. [答案]: B

   [详解]: $|F_1 - F_2| \leqslant F \leqslant F_1 + F_2$，所以 3 N $\leqslant F_{合} \leqslant$ 11 N，只有选项 B 符合。

9. [答案]: C

   [详解]: $G = mg = 5 \times 10 = 50$ N。

10. [答案]: B

[**详解**]：$F_合 = \sqrt{F_1^2 + F_2^2} = 50\ \text{N}$。

11. [**答案**]：A

[**详解**]：质量不是矢量。

12. [**答案**]：B

[**详解**]：$|F_1 - F_2| \leqslant F \leqslant F_1 + F_2$，所以 $5\ \text{N} \leqslant F_合 \leqslant 35\text{N}$，只有选项 B 符合。

13. [**答案**]：A

[**详解**]：若保持静止，则静摩擦力与 F_2 之和与 F_1 大小相等，方向相反。所以，当 F_1 撤去，则木块在水平方向受到的合力大小为 10 N，方向水平向左。

14. [**答案**]：D

[**详解**]：$|F_1 - F_2| \leqslant F \leqslant F_1 + F_2$，所以 $4\ \text{N} \leqslant F_合 \leqslant 16\ \text{N}$，只有选项 D 符合。

15. [**答案**]：B

[**详解**]：$f = 250\ \text{N}$，$k = 500\ \text{N/m}$，由胡克定律 $f = kx$，$x = \dfrac{f}{k} = 0.5\ \text{cm}$，$l = l_0 + x = 10 + 0.5 = 10.5\ \text{cm}$。

16. [**答案**]：D

[**详解**]：静止与运动的物体都会受到重力，重力的方向始终是竖直向下的，所以选项 D 正确。

17. [**答案**]：C

[**详解**]：将 F_1 固定，F_2 平移，$F_合$ 与 F_1、F_2 构成闭合三角形，所以选项 C 正确。

18. [**答案**]：C

[**详解**]：摩擦力可以是动力也可以是阻力，是动力时与运动的方向相同，是阻力时与运动方向相反。滑动摩擦力与物体的正压力有关，只有在水平静止放置时，重力才和正压力在大小上相等。所以选项 C 正确。

19. [**答案**]：方向；作用点

20. [**答案**]：牛顿

21. [**答案**]：竖直向下

22. [答案]：10 cm

[详解]：$x_1 = L - L_0 = 12 - L_0$，$x_2 = L - L_0 = 14 - L_0$，$k = \dfrac{f}{x}$，所以，$L_0 = 10$ cm。

23. [答案]：0.4 m

[详解]：$f = kx$，$x = \dfrac{f}{k} = 200 \div 500 = 0.4$ m。

24. [答案]：6 N 和 4 N

[详解]：$|F_1 - F_2| = 2$ N，$F_1 + F_2 = 10$ N，带入得 $F_1 = 6$ N，$F_2 = 4$ N。

25. [答案]：$\dfrac{mg}{\tan\theta}$

[详解]：根据力的合成与分解，$\tan\theta = \dfrac{mg}{F_{AO}}$，$F_{AO} = \dfrac{mg}{\tan\theta}$。

26. [答案]：10 N

[详解]：$F_{合} = \sqrt{F_1^2 + F_2^2} = 10$ N。

27. [答案]：7 cm

[详解]：$f = kx$，$x = \dfrac{f}{k} = 6 \div 200 = 0.03$ m $= 3$ cm，$l = l_0 - x = 10 - 3 = 7$ cm。

28. [答案]：2 N

[详解]：$f = \mu f_N = umg = 0.2 \times 4 \times 10 = 8$ N，$F' = F - f = 10 - 8 = 2$ N。

29. [详解]：

由图可知，支持力的大小为 $f_N = mg - F_{拉}\sin\theta$，所以摩擦力的大小为 $f = \mu(mg - F_{拉}\sin\theta)$。

30. [详解]：

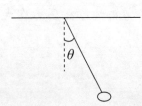

$$\cos\theta = \frac{mg}{F_{拉}}, \quad \tan\theta = \frac{F_{风}}{mg}, \quad mg = 60 \text{ N}, \quad \cos\theta = \frac{\sqrt{3}}{2}, \quad \tan\theta = \frac{\sqrt{3}}{3},$$

$$F_{拉} = 40\sqrt{3}, \quad F_{风} = 20\sqrt{3}$$

31. ［详解］：$x = \dfrac{f}{k} = \dfrac{mg}{k}, \quad l_0 = l + x = l + \dfrac{mg}{k}$。

五、自测题

（一）选择题

1. 作用在同一物体上的两个力，大小分别为 7 N 和 10 N，其合力大小可能是 （　　）。

   A. 1 N　　　　　　 B. 2 N　　　　　　 C. 13 N　　　　　　 D. 18 N

2. 一根弹簧劲度系数为 500 N/m，若用 200 N 的力拉弹簧，则弹簧伸长 （　　）。

   A. 4 m　　　　　　 B. 0.4 m　　　　　 C. 0.4 cm　　　　　 D. 4 cm

3. 两个力 F_1、F_2 合成后是 F_3，下列对应的四组 F_1、F_2、F_3 的值中，可能成立的是（　　）。

   A. 5 N、8 N、14 N　　　　　　　　 B. 16 N、2 N、12 N

   C. 3 N、4 N、8 N　　　　　　　　 D. 4 N、20 N、17 N

4. 两个力的合力最大值是 10 N，最小值是 2 N，则这两个力的大小为 （　　）。

   A. 3 N、8 N　　 B. 14 N、2 N　　 C. 6 N、4 N　　　 D. 4 N、12 N

*5. 如图所示，物体质量为 m，在一作用力 F 下沿水平面运动，F 的方向与水平方向成 30° 角，物体与地面间的动摩擦因数为 μ，则物体受到的滑动摩擦力大小为 （　　）。（设重力加速度为 g）

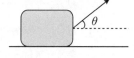

   A. $f = \mu\left(mg - \dfrac{F}{2}\right)$　　　　　　　 B. $f = \mu\left(mg + \dfrac{F}{2}\right)$

   C. $f = 0$　　　　　　　　　　　　 D. $f = \mu mg$

6. F_1 沿水平方向向右，大小为 9 N；F_2 沿竖直方向向上，大小为 12 N。则这两个力合力的大小为（　　）。

    A. 21 N   B. 3 N   C. 14 N   D. 15 N

7. 两个力 F_1 和 F_2 合成后是 F_3，下列对应的四组 F_1、F_2、F_3 的值中，不可能成立的是（　　）。

    A. 5 N、8 N、7 N   B. 6 N、5 N、9 N

    C. 2 N、8 N、17 N   D. 9 N、1 N、8 N

8. 关于滑动摩擦力公式 $f = \mu f_N$，下列说法中正确的是（　　）。

    A. 公式中正压力 f_N 一定等于物体的重力

    B. 由 $\mu = \dfrac{f}{f_N}$ 可知，动摩擦因数与滑动摩擦力 f 成正比，与正压力 f_N 成反比

    C. 由 $f = \mu f_N$ 可知，f 与 f_N 成正比

    D. f 的大小由 μ 和 f_N 决定，与接触面的面积大小无关

（二）填空题

1. 重力加速度 $g = 9.8$ N/kg，表示 1 kg 的物体受到的重力为_____，重力加速度的方向是_____。

2. 一个孩子的质量为 5000 g，则这个孩子受到的重力是_____。（$g = 10$ N/kg）

3. 一根弹簧原长为 15 cm，挂上一个重物后，长度伸长了 3 cm，设弹簧的劲度系数为 100 N/cm，则此时弹簧的弹力是_____。

4. 物体处于静止状态，则物体所受的合力为_____。

5. 力是物体与物体之间的_____。

6. 力的三要素包括：_____、_____、_____。

7. 一个物体的质量 $m = 300$ g，若 $g = 10$ N/kg，则它受到的重力 G 大小为_____，方向为_____。

8. 重力为 2 N 的物体可能是一台电视机、一个苹果、一头牛，还是一滴水？（写出计算步骤）

9. 桌子上静止放置一个水杯，水杯的质量 $m = 150$ g，则水杯受到的桌子的支持力大小为 _____。（$g = 10$ N/kg）

10. 一根原长为 1 m 的弹簧，劲度系数为 500 N/m，若用 100 N 的力拉弹簧，则弹簧伸长_____m。

11. 相互接触的两个物体，一个物体在另一个物体表面相对滑动时受到了阻碍它相对滑动的力，这个力称为_____。

12. 重力是由于 _____对物体的吸引而使物体受到的力。

13. 一个弹簧的劲度系数是 100 N/m，弹簧的原长为 10 cm，现在给弹簧一个大小为 1 N 的拉力，弹簧将伸长_____cm，伸长后弹簧的长度为_____cm。

14. 作用在同一物体上的两个力，大小分别是 10 N 和 15 N，其合力大小的范围是 _____。

（三）计算题

1. 有一个弹簧的长度是 13 cm，在弹簧的下面挂一个 $m = 0.5$ kg 的重物后，长度变成了 18 cm，求弹簧的劲度系数 k。（$g = 10$ N/kg）

2. 有一个弹簧的长度是 8 cm，在弹簧的下面挂上一个重物 m 后，长度变成了 18 cm，已知弹簧的劲度系数为 150 N/m，求重物的质量 m。（$g = 10$ N/kg）

3. 一根弹簧挂 0.5 N 的物体时长度为 12 cm，挂 1 N 的物体时长度为 14 cm，则弹簧的原长是多少？

4. 一个质量为 $m = 5$ kg 的木块，放置在动摩擦因数为 $\mu = 0.1$ 的粗糙水平地面上，施加一水平力 $F = 30$ N，拉动木块前进，求木块受到的水平摩擦力。（$g = 10$ N/kg）

5. 一根弹簧原长为 40 cm，弹性系数为 100 N/m，用 10 N 的力压缩弹簧，则弹簧的长度是多少？

6. 一根弹簧原长为 15 cm，挂上一个重物后，长度伸长了 3 cm，设弹簧的劲度系数为 100 N/cm，则此时弹簧的弹力是多少？

第二章 运 动

一、基础知识

第一节 运动

1. 基础知识

（1）运动轨迹：运动的质点通过的路线，叫作质点的运动轨迹。

（2）曲线运动：如果质点的运动轨迹是曲线，这样的运动叫作曲线运动。

2. 例题

（1）一个物体沿着一个半径为 R 的圆运动一圈，它的位移大小为_____，路程为_____。

［答案］：0；$2\pi R$

（2）下列物理量中，是矢量的是（   ）。

A. 质量　　　　B. 位移　　　　C. 温度　　　　D. 路程

［答案］：B

第二节 匀速直线运动

1. 基础知识

（1）直线运动：如果质点的运动轨迹是直线，这样的运动叫作直线运动。

（2）匀速直线运动：速度不变的直线运动称为匀速直线运动。

（3）匀速直线运动公式：$v = \dfrac{s}{t}$，单位是 m/s。

2. 例题

（1）匀速直线运动的速度的大小（　　　）。

    A. 越来越大　　　B. 越来越小　　　C. 先变大后变小　　　D. 不变

    ［**答案**］：D

    ［**详解**］：匀速直线运动即速度不变的直线运动。

（2）公交车以 20 m/s 的速度匀速行驶，经过 5 s 后，公交车行驶的位移是多少？

    ［**答案**］：$s = vt = 20 \times 5 = 100$ m。

3. 练习题

（1）选择题

    ①一辆汽车以速度 $v = 2$ m/s 做匀速直线运动，4 s 内它走过的距离是（　　　）。

    A. 16 m　　　　　B. 8 m　　　　　C. 4 m　　　　　D. 2 m

    ②一辆汽车以 $v = 10$ m/s 的速度沿着公路做匀速直线运动，它走过 260 m 所需的时间为（　　　）。

    A. 10 s　　　　　B. 26 s　　　　　C. 50 s　　　　　D. 80 s

    ③汽车做匀速直线运动，5 s 内通过的位移为 30 m，则汽车的匀速运动的速度是（　　　）。

    A. 30 m/s　　　　B. 6 m/s　　　　C. 3 m/s　　　　D. 10 m/s

（2）填空题

    ①一列高速列车以 72 km/h 的速度做匀速直线运动，它运动 20 s 所走的路程是_____。

②一个物体做匀速直线运动，它在 10 s 内的位移是 50 m，则它的速度是_____。

③一个物体在 10 s 时间内，直线运动了 20 m，则物体运动平均速度为_____。

④一个物体做匀速直线运动，以 5 m/s 的速度运动了 50 m，则运动的时间是_____。

（3）计算题

①如图所示为一物体做直线运动的 $x - t$ 图像，根据图像求：

a. 物体在第 1 s 内的位移和在这 5 s 内的路程。

b. 物体在这 5 s 内平均速度的大小。

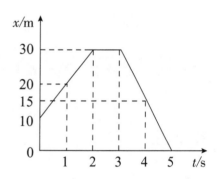

*②某测量员是这样利用回声测距离的：他站在两平行峭壁间某一位置鸣枪，经过 1.00 s 第一次听到回声，又经过 0.50 s 再次听到回声。已知声速为 340 m/s，则两峭壁间的距离为多少？

第三节　变速直线运动

1. 基础知识

（1）变速直线运动：物体在一条直线上运动，如果在相等的时间内，位移不相等，这种运动就叫作变速直线运动。

（2）匀变速直线运动：物体在一条直线上运动，如果在相等的时间内速度的变化相等，这种运动就叫作匀变速直线运动。

（3）加速度：速度的改变量与发生这一改变所用的时间的比值。

（4）公式：

速度公式：$v = v_0 + at$

位移公式：$s = v_0 t + \dfrac{1}{2} at^2$　　　$v_t^2 - v_0^2 = 2as$　　　$s = \bar{v} t = \dfrac{v_0 + v}{2} t$

2. 例题

（1）汽车从静止开始做匀加速直线运动，5 s 末的速度为 25 m/s，则该车的加速度大小是多少？

[详解]：由匀变速直线运动的速度公式得 $v = v_0 + at$，$a = \dfrac{v - 0}{t} = \dfrac{25}{5} = 5$ m/s^2。

（2）一辆车从速度为 10 m/s 时开始运动，0～60 s 内汽车的 v–t 图像如图所示，求经过 60 s 后，汽车行驶的位移是多少？

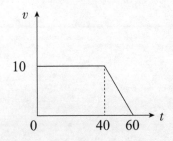

[**详解**]：图像的面积等于汽车行驶的位移，为 500 m。

3. 练习题

（1）选择题

①A、B 两车在公路上沿同一方向做直线运动，它们的 $v-t$ 图像如图所示，由图可知，B 物体做（　　）。

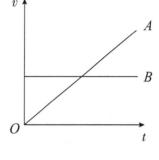

A. 匀速直线运动　　　B. 变加速直线运动

C. 匀减速直线运动　　D. 匀加速直线运动

②在匀变速直线运动中，下列说法正确的是（　　）。

A. 相同时间内加速度的变化相同

B. 相同路程内速度的变化相同

C. 相同时间内速度的变化相同

D. 相同时间内位移的变化相同

③一个物体运动的 $v-t$ 图像如图所示，该物体做的是（　　）。

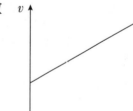

A. 初速度为零的匀加速运动

B. 初速度不为零的匀加速运动

C. 加速度改变的匀加速运动

D. 匀减速运动

④关于加速度，下列说法正确的是（　　）。

A. 加速度表示物体运动的快慢

B. 加速度表示物体速度变化的大小

C. 加速度表示物体速度变化的快慢

D. 加速度的方向一定与物体运动方向相同

（2）填空题

①一辆汽车做匀加速直线运动，它的速度与时间之间的数量关系满足关系式：$v = 6t + 4$（m/s）。那么，从 $t = 0$ 时刻，经过 3 s 时间，该

汽车的速度大小是_____。

②一辆汽车，从静止开始做匀加速直线运动，5 s 末的速度为 25 m/s，则该汽车的加速度大小是_____ m/s^2。

③一个物体由静止开始做匀加速直线运动，若第 1 秒末物体的速度是 1 m/s，则 2 秒内通过的位移是_____。

④一辆车做匀变速直线运动，它的速度_____（填"变化"或"不变"），它的加速度_____（填"变化"或"不变"）。

（3）计算题

①航天飞机在平直的跑道上降落，其减速过程可以简化为两个匀减速直线运动。航天飞机以水平速度 $v_0 = 100$ m/s 着陆后，立即打开减速阻力伞，以大小为 $a_1 = 4$ m/s^2 的加速度做匀减速直线运动，一段时间后阻力伞脱离，航天飞机以大小为 $a_2 = 4$ m/s^2 的加速度做匀减速直线运动直至停下。已知两个匀减速直线运动滑行的总位移 $x = 1370$ m。求：

a. 第二个减速阶段航天飞机运动的初速度大小。

b. 航天飞机降落后滑行的总时间。

②猎豹由静止起跑，经 2 s 的时间，速度达到 72 km/h，假设猎豹做匀加速直线运动，猎豹的加速度是多大？

第四节 自由落体运动

1. 基础知识

（1）自由落体运动：物体只在重力的作用下从静止开始下落的运动。在同一地点，一切物体在自由落体运动中的加速度相同。

（2）

$$\left.\begin{array}{l} v = v_0 + at \\ s = v_0 t + \dfrac{1}{2}at^2 \\ v_t^2 - v_0^2 = 2as \\ \bar{v} = \dfrac{v_0 + v}{2} \end{array}\right\} \Rightarrow \left\{\begin{array}{l} v = gt \\ h = \dfrac{1}{2}gt^2 \\ v^2 = 2gh \\ \bar{v} = \dfrac{v}{2} \end{array}\right.$$

2. 例题

（1）自由落体运动的 $v-t$ 图像应是图中的（　　）。

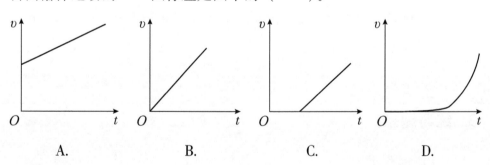

　　A.　　　　　　　B.　　　　　　　C.　　　　　　　D.

[答案]：B

[详解]：自由落体运动是初速度为零的匀加速直线运动，选项 A、C 初速度不为 0，选项 D 不是匀加速运动。

（2）甲物体的重力是乙物体重力的 3 倍，它们从同一高度处同时自由下落，下列说法正确的是（　　）。

A. 甲比乙先着地　　　　　　　　B. 甲比乙的加速度大

C. 甲、乙同时着地　　　　　　　　D. 无法确定哪个先着地

[答案]：C

[详解]：由自由落体运动的公式 $h = \frac{1}{2}gt^2$，$t = \sqrt{\frac{2h}{g}}$，落地时间与质量无关。

（3）从离地 500 m 的空中自由落下一个小球，取 $g = 10$ m/s^2，求：

①小球经过多长时间落到地面。

②从开始落下的时刻起，小球在第 1 s 内的位移、最后 1 s 内的位移。

③小球落下一半时间的位移。

[详解]：由 $h = 500$ m 和运动时间，根据位移公式可直接算出落地时间、第 1 s 内位移和落下一半时间的位移。最后 1 s 内的位移是下落总位移和前 $(n-1)$ s 下落位移之差。

解：

①由公式 $h = \frac{1}{2}gt^2$，得落地时间：$t = \sqrt{\frac{2h}{g}} = \sqrt{\frac{2 \times 500}{10}} = 10$ s。

②第 1 s 内的位移：$h_1 = \frac{1}{2}gt_1^2 = \frac{1}{2} \times 10 \times 1 = 5$ m。

因为从开始运动起前 9 s 内的位移为 $h_2 = \frac{1}{2}gt_2^2 = \frac{1}{2} \times 10 \times 9^2 = 405$ m。

所以最后 1 s 内的位移为：$h_{10} = h - h_9 = 500 - 405 = 95$ m。

③落下一半时间即 $t' = 5$ s，其位移为 $h_5 = \frac{1}{2} \times 10 \times 5^2 = 125$ m。

3. 练习题

（1）选择题

①一个物体做自由落体运动，如果 $g = 10$ m/s^2，则物体在第 5 秒末的速度大小为（　　）。

　　A. 30 m/s　　　　　B. 50 m/s　　　　　C. 15 m/s　　　　D. 10 m/s

②甲物体的重力是乙物体的 4 倍，它们在同一高度处同时自由下落（不考虑空气阻力），则下列说法中正确的是（　　）。

　　A. 甲比乙先落地

B. 下落过程中甲比乙的加速度大

C. 甲、乙同时落地

D. 落地时甲的速度比乙的速度大

③做自由落体运动物体在 2 秒末的速度大小为（　　）（$g = 10 \text{ m/s}^2$）

A. 10 m/s　　　　B. 20 m/s　　　　C. 30 m/s　　　　D. 40 m/s

④一个物体做自由落体运动，它下落 5 秒时候的位移大小为（　　）。

A. 25 m　　　　B. 50 m　　　　C. 125 m　　　　D. 250 m

（2）填空题

①一个物体做自由落体运动，若 $g = 10 \text{ m/s}^2$，则物体在 8 秒末的位移大小为_____。

②一个小球从距离地面 45 m 的高空自由落下，小球落地时的速度大小是_____。

③一个物体做自由落体运动，经过 2 s 落到地面，则这个物体初始下落时的离地高度是_____。

④一个物体做自由落体运动，则该物体的加速度大小_____（填"变化"或"不变"）。

（3）计算题

①一个物体做自由落体运动，从物体刚开始下落时开始计时，求：

a. 第 3 s 末的瞬时速度的大小和方向如何。

b. 前 3 s 内位移的大小。

c. 第 3 s 内位移的大小。（重力加速度 $g = 10 \text{ m/s}^2$）

②一个质量为 2 kg 的物体从 20 m 高处做自由落体运动，从物体刚开始下落时开始计时，求：

a. 物体落地需要多少时间？

b. 物体落地时的速度是多少？

第五节　匀速圆周运动

1. 基础知识

（1）匀速圆周运动：质点沿圆周运动，如果在相等的时间里通过的圆弧长度相同，这种运动就叫匀速圆周运动。

（2）匀速圆周运动规律：

线速度：$v = \dfrac{s}{t}$

角速度：$\omega = \dfrac{\varphi}{t}$

周期与频率的关系：$f = \dfrac{1}{T}$

线速度、角速度和周期的关系：$v = \omega r$，$v = \dfrac{2\pi r}{T}$，$\omega = \dfrac{2\pi}{T}$

2. 例题

（1）质点以速度 $v = 6$ m/s 做匀速圆周运动，圆周运动的半径 $r = 3$ m，则圆周运动的角速度 ω 和周期 T 分别是（　　　）。

A. 4 rad/s、π s　　　　　　　　　　B. 2 rad/s、π s

C. rad/s、2π s   D. rad/s、4π s

[**答案**]：B

[**详解**]：根据匀速圆周运动公式 $v = \omega r$，所以 $\omega = \dfrac{v}{r} = 6 \div 3 = 2$ rad/s。

根据匀速圆周运动公式 $v = \dfrac{2\pi r}{T}$，所以 $T = \dfrac{2\pi r}{v} = \dfrac{2\pi \times 3}{6} = \pi$ s。

故角速度 $\omega = 2$ rad/s，周期 $T = \pi$ s。

3. 练习题

（1）选择题

①一个质点沿半径为 R 的圆做匀速圆周运动，周期是 2 s，2 s 内质点的位移大小是（　　）。

   A. $\sqrt{2}R$ B. $2R$ C. 0   D. R

②一个物体做半径 $R = 4$ m 的匀速圆周运动，若它的周期是 2 s，则它的角速度为（　　）。

   A. 1 rad/s   B. 2 rad/s   C. 3.14 rad/s   D. 6.28 rad/s

③一个物体沿着三个半圆弧由 A 运动至 C（如图所示），它的位移和路程大小为（　　）。

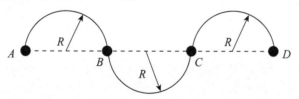

   A. $2R$、$2\pi R$ B. $4R$、$2\pi R$ C. $6R$、$3\pi R$ D. $8R$、$5\pi R$

④一个质点沿半径为 R 的圆做匀速圆周运动，周期是 4 s，2 s 内质点的路程大小是（　　）。

   A. πR B. $2R$ C. R D. $2\pi R$

（2）填空题

①一个物体做圆周运动，它的角速度大小不变，它是做_____运动。

②如图所示，A、B 两物体的运动半径之比为 2∶1，两物体始终相对
  于圆盘静止，则两物体的线速度大小之比为_____，角速度大
  小之比为_____。

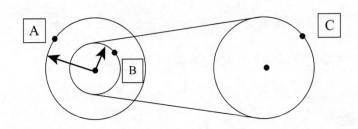

③一物体在水平面内沿半径 R = 20 cm 的圆形轨道做匀速圆周运动，
  线速度 v = 0.2 m/s，那么，它的角速度为_____ rad/s。

④某物体做匀速圆周运动，设运动半径为 1 m，周期为 0.5 s，则该物
  体做匀速圆周运动的频率为_____ Hz。

（3）计算题

①一质点做匀速圆周运动，其线速度大小为 4 m/s，转动周期为 2 s，
  求：

  a. 角速度是多少？

  b. 圆周半径是多少？

②做匀速圆周运动的物体，质量为 1 kg，10 s 内沿半径为 20 m 的圆周运动 100 m，试求物体做匀速圆周运动时：

a. 线速度的大小。

b. 角速度的大小。

c. 周期的大小。

第六节　向心力 *

1. 基础知识

（1）向心力：沿圆周匀速运动的物体受到一个指向圆心的合力的作用，这个力叫向心力，用 F 表示，向心力 $F = m\omega^2 r$。

（2）向心加速度：做圆周运动的物体，在向心力 F 的作用下必然要产生一个加速度。

2. 例题

（1）一个质量为 2 kg 的物体，绕着某一点做半径为 3 m、角速度为 4 rad/s 的匀速圆周运动，则其所受到的向心力大小为（　　）。

A. 96 N　　　　　B. 10 N　　　　　C. 9 N　　　　　D. 24 N

[答案]：A

[详解]：根据匀速圆周运动向心力公式 $F = m\omega^2 r$，得到 $F = 2 \times 4^2 \times 3 = 96$ N。

二、 本章知识点结构图

直线运动
- 基本概念
  - 质点：理想化模型
  - 位移（s）：矢量，运动物体由起点指向终点的有向线段
  - 速度（v）：平均速度，瞬时速度
  - 加速度（a）
    - 意义：描述物体速度变化快慢的物理量
    - 公式：$a = \dfrac{v_t - v_0}{t}$
- 运动形式
  - 匀速直线运动
    - 公式：$s = vt$
    - 图像特点：$s - t$ 图像为一倾斜直线
  - 匀变速直线运动
    - 公式
      - $v_t = v_0 + at$
      - $s = v_0 t + \dfrac{1}{2}at^2$
      - $v_t^2 - v_0^2 = 2as$
      - $\bar{v} = \dfrac{v_0 + v_t}{2}$
    - 图像特点：$v - t$ 图像为一倾斜直线
    - 实例：自由落体运动
      - $v_t = gt$
      - $s = \dfrac{1}{2}at^2$

三、 本章知识归纳

1. 速度是表示物体运动快慢的物理量。

2. 匀速直线运动 $s = vt$。

3. 匀速直线运动的 $v - t$ 图像和 $s - t$ 图像如下：

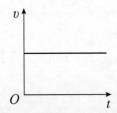
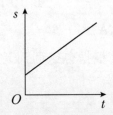

4. 加速度是表示物体速度变化快慢的物理量 $\left(a = \dfrac{v_t - v_0}{t} \right)$。

5. 匀变速直线运动的规律：

$v_t = v_0 + at$

$s = v_0 t + \dfrac{1}{2}at^2$

$v_t^2 - v_0^2 = 2as$

6. 匀变速直线运动中加速度大小不变。

7. 时间：

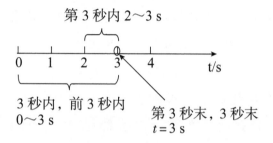

8. 位移、速度、加速度都是矢量。

9. 自由落体运动：物体只在重力的作用下从静止开始下落的运动。

10. 自由落体是初速度为 0 的匀加速直线运动。

11. 自由落体加速度(重力加速度：$g = 9.8 \text{ m/s}^2$)

重力加速度方向：竖直向下。计算时通常取 $g = 10 \text{ m/s}^2$。

12. 自由落体运动规律：

$v_t = gt$

$s = \dfrac{1}{2}gt^2$

$v_t^2 = 2gs$

四、 书后习题详解

1. [答案]：C

[详解]：加速度与速度没有直接关系，但是与速度的变化率有关。

2. [答案]：C

[详解]：瞬时速度是指某一瞬间的速度，是不会发生改变的，选项 A
错误；速率是指速度的大小，速率不变的运动不一定是匀速直线运动，
还有可能是匀速圆周运动，选项 B 错误；相同时间内平均速度相同，
即 $\frac{\Delta s}{\Delta t}$ 是一个固定不变的数，所以是匀速直线运动，选项 C 正确；瞬时
速度的方向不改变不代表速度大小也不变，选项 D 错误。

3. [答案]：A、B

[详解]：运动物体在某一时刻的速度可能很大而加速度可能为 0，比
如速度很大的匀速直线运动，选项 A 正确；运动物体在某一时刻的速
度可能为 0，而加速度可能不为 0，比如自由落体运动的初始时刻，选
项 B 正确；在初速度为正、加速度为负的匀变速直线运动中，速度是
可能增大的，速度减到 0 后，物体就会反向开始加速，选项 C 错误；
在初速度为正、加速度为正的匀变速直线运动中，当加速度减小时，
它的速度会继续增大，选项 D 错误。

4. [答案]：B

[详解]：设连续通过相同的位移为 x，那么通过第一段位移所用的时
间为 $\frac{x}{v_1}$，第二段位移所用时间为 $\frac{x}{v_2}$，根据平均速度的计算公式 $\bar{v} = \frac{\Delta s}{\Delta t}$，
可得到这个物体的平均速度是：

$$\bar{v} = \frac{\Delta s}{\Delta t} = \frac{2x}{\frac{x}{v_1} + \frac{x}{v_2}} = \frac{2}{\frac{1}{v_1} + \frac{1}{v_2}} = \frac{2}{\frac{1}{10} + \frac{1}{15}} = \frac{2}{\frac{1}{6}} = 12 \text{ m/s}。$$

5. [答案]：C

[详解]：位移为 0 时，路程不一定是 0，例如做圆周运动一周，选项 A
错误；路程为 0 时，位移一定为 0，选项 B 错误，选项 C 正确；曲线运
动的路程和位移大小不可能相等，选项 D 错误。

6. [答案]：B

[详解]：物体初速度为 0，在第一秒内通过的位移是 0.5 m，可以根据
$s = v_0 t + \frac{1}{2} a t^2$ 计算出加速度 $a = 1 \text{ m/s}^2$，在前 2 s 内通过的位移 $s_2 = $

$\frac{1}{2}at_2^2 = \frac{1}{2} \times 1 \times 2^2 = 2$ m，所以物体第二秒内的位移是 $2 - 0.5 = 1.5$ m。

7. ［答案］：A

［详解］：由题目可知，下落前一半路程所用的时间为 t，根据自由落体运动规律可以得到 $\frac{1}{2}s = \frac{1}{2}gt^2$，设走完全部路程所用时间为 t'，可得 $s = \frac{1}{2}gt'^2$，比较两个表达式，可以得到 $t' = \sqrt{2}t$。

8. ［答案］：A

9. ［答案］：B

10. ［答案］：C

［详解］：质点沿半径为 r 的圆做匀速圆周运动，周期是 4 s，1 s 内质点运动的轨迹是 $\frac{1}{4}$ 个圆，所以位移是 $\sqrt{2}r$，路程是 $\frac{1}{2}\pi r$。

11. ［答案］：C

12. ［答案］：B

13. ［答案］：A

14. ［答案］：B

15. ［答案］：A

16. ［答案］：D

17. ［答案］：B

18. ［答案］：B

19. ［答案］：B

20. ［答案］：B

［详解］：物体前 4 s 做匀速直线运动，在第 4 s 末开始加速，在 4～8 s 做匀加速直线运动，所以加速时间是 4 s，$v_t = v_0 + at = 5 + 2.5 \times 4 = 15$ m/s。

21. ［答案］：C

22. ［答案］：D

23. ［答案］：B

24. ［答案］：C

25. [答案]：C

26. [答案]：B

27. [答案]：B

28. [答案]：B

29. [答案]：11 m/s；28 m

30. [答案]：1∶2

31. [答案]：45 m

32. [答案]：1 Hz

33. [答案]：5 s

34. [答案]：0.5 Hz

35. [详解]：物体前 4 s 做匀速直线运动，在第 4 s 末开始加速，在 4～8 s 做匀加速直线运动，所以加速时间是 4 s，8 s 末的速度是 $v_t = v_0 + at = 5 + 2.5 \times 4 = 15$ m/s。在第 12 s 末停止，说明 8～12 s 是做减速运动，减速时间是 4 s，末速度是 0，所以减速的加速度是 $a = \dfrac{\Delta v}{t} = \dfrac{0 - 15}{4} = -3.75$ m/s²。

36. [答案]：(1)1500 m　(2)500 m，与水平方向角度是53°

37. [详解]：假设物体运动时间是 t，运动位移是 s，根据题目中的"最后 1 s 走过整个路程的 $\dfrac{9}{25}$"，可得到物体在 $t-1$ 秒时间走过路程的 $\dfrac{16}{25}$，根据自由落体的运动规律 $s = \dfrac{1}{2}gt^2$，可得到 $\dfrac{16}{25}s = \dfrac{1}{2}g(t-1)^2$，比较两个表达式可得 $\dfrac{16}{25} = \dfrac{(t-1)^2}{t^2}$，解得 $t = 5$ s，位移 $s = 125$ m。

五、自测题

(一)选择题

1. 赛车在比赛中从静止开始做匀加速直线运动，5 s 末的速度为 25 m/s，则该赛车的加速度大小是_____。

2. 一辆汽车以 2 m/s² 的加速度在路面上做匀加速直线运动，已知汽车的初速度为 2 m/s，则汽车在 2 s 末的速度是_____，2 s 内经过的位移是_____。

3. 一个物体沿着两个半圆弧由 A 运动至 C（如图所示），它的位移大小为 _____，路程为 _____。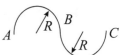

4. 公交车进站时做匀减速运动，加速度的大小为 2 m/s²，初速度为 20 m/s，经过 _____ s 车子停止。

5. 汽车由静止开始在平直的公路上行驶，0～60 s 内汽车的 v-t 图像如图所示，60 s 内汽车的位移为 _____ m。

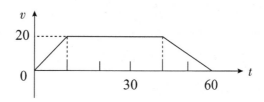

6. 如图所示，甲、乙两车沿同一方向在公路上做直线运动的 v-t 图像，在 $t = t_1$ 时刻，两直线相交于 P 点，则两车在_____点的速度相同。

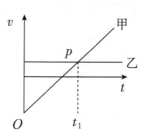

（二）选择题

1. 一辆汽车以速度 $v = 4$ m/s 沿着公路做匀速直线运动，它走过 72 m 需要的时间是（　　）。

A. 25 s 　　　　　B. 20 s 　　　　　C. 18 s 　　　　　D. 10 s

2. 如图所示，以 8 m/s 匀速直线行驶的汽车距离停车线 16 m。汽车要在停车线处停下来，加速度大小应该为（　　）。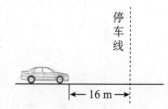

A. 1 m/s² 　　　　　B. 2 m/s²

C. 3 m/s² 　　　　　D. 4 m/s²

3. 下列物理量中，是矢量的是（　　）。

    A. 质量　　　　　B. 位移　　　　　C. 温度　　　　　D. 路程

4. 匀加速直线运动的加速度的大小（　　）。

    A. 越来越大　　　　　　　　　　B. 越来越小

    C. 先变大后变小　　　　　　　　D. 不变

5. 在匀变速直线运动中，下列说法正确的是（　　）。

    A. 速度的大小不变　　　　　　　B. 加速度不变

    C. 瞬时速度不变　　　　　　　　D. 平均速度不变

6. 关于加速度，下列说法正确的是（　　）。

    A. 加速度表示物体运动的快慢

    B. 加速度表示物体速度变化的大小

    C. 加速度表示物体速度变化的快慢

    D. 加速度的方向一定与物体运动方向相同

7. 物体由静止开始做匀加速直线运动，若第 1 s 内物体通过的位移是 0.5 m，则 2 s 内通过的位移是（　　）。

    A. 0.5 m　　　B. 1.5 m　　　C. 2 m　　　D. 2.5 m

8. 一个物体做自由落体运动，若 $g = 10 \text{ m/s}^2$，则物体在 2 s 末的速度大小为（　　）。

    A. 10 m/s　　　B. 20 m/s　　　C. 30 m/s　　　D. 40 m/s

9. 一个小球从离地面 500 m 的空中自由下落，小球落地时的速度大小是（　　）。（$g = 10 \text{ m/s}^2$）

    A. 500 m/s　　　B. 10 m/s　　　C. 100 m/s　　　D. 50 m/s

10. 一个物体做自由落体运动，它下落 5 s 时的位移大小是（　　）。

    A. 25 m　　　B. 50 m　　　C. 125 m　　　D. 250 m

11. 一个物体做直线运动，其 $v - t$ 图像如图所示，由图可以判断该物体做的是（　　）。

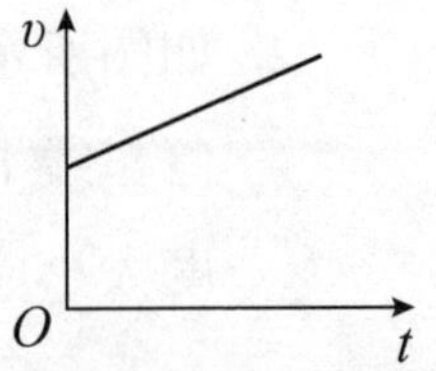

    A. 初速度为 0 的匀加速运动

    B. 初速度不为 0 的匀加速运动

    C. 匀速运动

    D. 匀减速运动

12. 下列是匀速直线运动的图像是（　　　）。

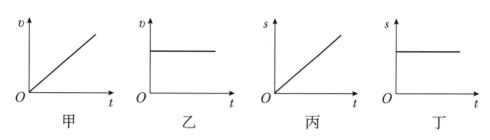

A. 甲和丙　　　　B. 乙和丁　　　　C. 甲和丁　　　　D. 乙和丙

13. 如果物体在做匀速直线运动，那么物体的速度大小（　　　）。

A. 越来越大　　　　　　　　　B. 越来越小

C. 不变　　　　　　　　　　　D. 先变大，后变小

（三）计算题

1. 某物体做直线运动，先以 5 m/s 的速度运动 4 s，又以 2.5 m/s² 的加速度继续运动 4 s，最后做匀减速直线运动，第 12 s 末停止。求：

（1）物体第 8 s 末的速度。

（2）物体做匀减速运动的加速度。

2. 一辆汽车在公路上做匀速直线运动，经过 3 min，汽车走过 3600 m，求汽车的速度。

3. 从离地 500 m 的空中自由落下一个小球, 取 $g = 10 \text{ m/s}^2$, 求:

（1）小球经过多长时间落到地面?

（2）从开始落下的时刻起, 小球在 2 s 末的速度。

（3）小球第 2 s 内的位移。

第三章 牛顿定律

一、基础知识

第一节 牛顿第一定律

1. 基础知识

（1）牛顿第一定律：一切物体总保持匀速运动状态或静止状态，直到有外力迫使它改变这种状态为止。

（2）力是改变物体运动状态的原因，力不是维持物体运动状态的原因。

（3）质量是惯性大小的量度。

（4）一切物体都有惯性。

2. 例题

（1）要减小物体的惯性，应减小物体的（   ）。

　　A. 质量　　　　　B. 速度　　　　　C. 加速度　　　　　D. 所受的力

　　[答案]：A

　　[详解]：质量是惯性大小的量度。

（2）下列说法不正确的是（   ）。

　　A. 飞在天上的鸟具有惯性

　　B. 公路上行驶的汽车具有惯性

　　C. 静止在桌面上的物体具有惯性

　　D. 汽车的速度越大，惯性越大

　　[答案]：D

[详解]：一切物体都有惯性，所以选项 A、B、C 正确；惯性只和物体的质量有关，和物体的运动速度无关，选项 D 错误。

（3）下列说法正确的是（　　）。

  A. 力是改变物体运动状态的原因

  B. 力是维持物体运动状态的原因

  C. 没有力的作用，物体只能处于静止状态

  D. 没有力的作用，物体只能处于匀速直线运动状态

[答案]：A

[详解]：牛顿第一定律：一切物体总保持匀速运动状态或静止状态，直到有外力迫使它改变这种状态为止。

3. 练习题

选择题

①关于牛顿第一定律的理解错误的是（　　）。

  A. 牛顿第一定律反映了物体不受外力的作用时的运动规律

  B. 不受外力作用时，物体的运动状态保持不变

  C. 在水平地面上滑动的木块最终停下来，是由于没有外力维持木块的运动

  D. 飞跑的运动员由于遇到障碍而被绊倒，这是因为他受到外力作用迫使他改变原来的运动状态

②关于运动和力的关系，下列说法正确的是（　　）。

  A. 力是维持物体运动的原因

  B. 力是改变物体惯性大小的原因

  C. 力是改变物体位置的原因

  D. 力是改变物体运动状态的原因

③对"运动状态的改变"理解正确的是（　　）。

  A. 仅指速度大小的改变

  B. 仅指速度方向的改变

C. 要改变物体的运动状态，必须有力的作用

D. 物体运动状态的改变与物体的初始运动状态有关

第二节 牛顿第二定律

1. 基础知识

（1）牛顿第二定律：物体的加速度跟作用力成正比，跟物体的质量成反比，且加速度的方向与引起这个加速度的力的方向相同。

（2）牛顿第二定律公式：$F = ma$。

（3）合外力提供加速度。

2. 例题

（1）一个物体受到 $F = 20$ N 的合外力作用时，产生的加速度 $a = 2$ m/s^2，要使它产生 $a' = 4$ m/s^2 的加速度，需要施加的合外力 F' 为（　　）。

A. 50 N　　　　　B. 60 N　　　　　C. 40 N　　　　　D. 30 N

[**答案**]：C

[**详解**]：根据牛顿第二定律，$F = ma$

$$m = \frac{F}{a} = \frac{F'}{a'}$$

$$= 20 \div 2 = F' \div 4$$

$$F' = 40 \text{ N}$$

（2）下列叙述错误的是（　　）。

A. 加速度提供合外力

B. 合外力提供加速度

C. 物体加速度跟作用力成正比

D. 物体加速度跟质量成反比

[**答案**]：A

[**详解**]：牛顿第二定律：物体的加速度跟作用力成正比，跟物体的质量成反比，且加速度的方向与引起这个加速度的力的方向相同。

(3) 一个物体的质量为 900 g，受到竖直向上 99 N 的拉力，则物体产生加速度大小为_____m/s^2。

[**答案**]：100

[**详解**]：牛顿第二定律公式：$F_合 = ma$。

3. 练习题

(1) 选择题

①静止在光滑水平面上的物体，若对其施加水平向右的力 F，则在 F 刚开始作用的瞬间，下列说法不正确的是（　　）。

A. 物体立即有了加速度

B. 加速度方向水平向右

C. 合力越大，加速度也越大

D. 物体质量随加速度变大而变大

②一质量为 10 kg 的物体，放在水平地面上，当用水平力 $F_1 = 30$ N 推它时，其加速度为 1 m/s^2；当水平推力增为 $F_2 = 45$ N 时，其加速度为（　　）。

A. 1.5 m/s^2　　　B. 2.5 m/s^2　　　C. 3.5 m/s^2　　　D. 4.5 m/s^2

③质量为 3 kg 的物体（可视为质点）静止放在光滑的水平地面上，当两个大小分别为 10 N 和 20 N 的水平力同时作用在该物体上时，物体的加速度大小可能为（　　）。

A. 3 m/s^2　　　B. 5 m/s^2　　　C. 15 m/s^2　　　D. 20 m/s^2

④用手提着一根挂有重物的轻绳，竖直向上做匀加速直线运动，手突然停止运动的瞬间，重物将（　　）。

A. 立即停止运动

B. 开始向上做减速运动

C. 开始向上做匀速运动

D. 继续向上做加速运动

⑤假设某次急刹车时，由于安全带的作用，使质量为 70 kg 的乘客具有的加速度大小约为 6 m/s²，此时安全带对乘客的作用力最接近（　　　）。

A. 100 N　　　　　　　　B. 400 N

C. 800 N　　　　　　　　D. 1000 N

⑥一个质量为 m 的物体，在粗糙水平面上受到水平推力 F 的作用，产生的加速度大小为 a，当水平推力变为 $2F$ 时，则物体的加速度（　　　）。

A. 小于 $2a$　　　　　　　　B. 大于 $2a$

C. 等于 $2a$　　　　　　　　D. 大于 a 小于 $2a$

⑦如图所示，物体在水平拉力 F 的作用下沿水平地面向右做匀速直线运动，现让拉力 F 逐渐减小，则物体的加速度和速度的变化情况应是（　　　）。

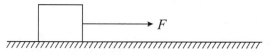

A. 加速度逐渐变小，速度逐渐变大

B. 加速度和速度都逐渐变小

C. 加速度和速度都逐渐变大

D. 加速度逐渐变大，速度逐渐变小

（2）填空题

①牛顿第二定律 $F = ma$ 中，F 是_____，a 是_____。

②当物体受到的合外力为 0 时，物体可能为_____状态，也可能为_____直线运动状态（填"加速""减速"或"匀速"）。

（3）计算题

①如图所示，质量为 2 kg 的物体静止在光滑的水平面上，在大小为 20 N 沿水平方向的拉力 F 作用下运动，求物体的加速度。

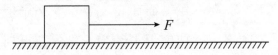

②已知甲物体受到 2 N 的力的作用时，产生的加速度为 4 m/s^2；乙物体受到 3 N 的力的作用时，产生的加速度为 6 m/s^2。求甲、乙两物体的质量之比。

③如图所示，光滑的水平地面上放着一个质量为 10 kg 的木箱，拉力 F 与水平方向成 60°角，$F = 2$ N。木箱从静止开始运动，4 s 末木箱的速度大小是多少？

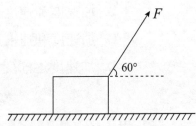

第三节　牛顿第三定律

1. 基础知识

牛顿第三定律：两个物体之间的作用力和反作用力总是大小相等、方向相反、作用在同一条直线上。

2. 例题

用手托着一块质量为 5 kg 的砖块，静止不动，砖块对手的压力大小为（　　）。（$g = 10$ N/kg）

A. 0 N　　　　　B. 50 N　　　　　C. 30 N　　　　　D. 10 N

[答案]：B

[详解]：作用力和反作用力大小相等，砖块对手的压力等于重力，大小为 50 N。

3. 练习题

（1）选择题

①正在运动着的物体，如果它所受的一切外力同时消失，那么它将（　　）。

A. 立即停下来

B. 先慢下来，然后再停下来

C. 改变运动方向

D. 沿原来的运动方向做匀速直线运动

＊②牛顿第一定律（　　）。

A. 是通过斜面小车实验直接得到的结论

B. 只是通过理论分析得出的规律

C. 是在实验基础上，经过分析推理得到的结论

D. 是日常生活得出的结论

③一个物体的质量为 2 kg，放在光滑的水平面上，受到一水平拉力 F 的作用，加速度大小为 4 m/s^2，则 F 的大小应为（　　）。

A. 2 N　　　　　B. 4 N　　　　　C. 6 N　　　　　D. 8 N

④有关惯性的下列四种说法中，正确的是（　　）。

A. 静止在桌面上的苹果不具有惯性

B. 运动员跑得越快，惯性越大

C. 自由落体运动的苹果有惯性

D. 汽车只有在刹车时才有惯性

（2）填空题

①要想改变物体的运动状态，必须对物体施以＿＿＿＿＿＿的作用，力是＿＿＿＿＿＿物体运动状态的原因。

②一切物体在没有受到外力作用的时候，总保持＿＿＿＿＿＿＿或＿＿＿＿＿＿，这就是牛顿第一定律。

③一个原来静止在水平面上的物体，质量为 1 kg，它在水平方向 4 N 的拉力作用下开始做加速运动，物体与水平面之间的滑动摩擦力为 2 N，则物体的加速度为＿＿＿＿＿＿ m/s^2。

④一个篮球放在水平桌面上静止不动，篮球对桌面的压力＿＿＿＿＿＿ 篮球受的重力（填"大于""小于"或"等于"）。

二、 本章知识点结构图

$$
牛顿运动定律\begin{cases}
牛顿第一定律\begin{cases}
内容：一切物体总保持匀速运动状态或\\
\qquad 静止状态，直到有外力迫使它改\\
\qquad 变这种状态为止\\
意义：力是改变物体运动状态的原因，\\
\qquad 质量是物体惯性大小的量度，一\\
\qquad 切物体都有惯性
\end{cases}\\
\\
牛顿第二定律\begin{cases}
公式：F = ma\\
意义：力是产生加速度的原因
\end{cases}\\
\\
牛顿第三定律\begin{cases}
内容：F = -F'\\
意义：两个物体之间的作用力和反作用力\\
\qquad 总是大小相等、方向相反、作用在\\
\qquad 同一条直线上
\end{cases}
\end{cases}
$$

三、 本章知识归纳

1. 牛顿第一定律

（1）一切物体总保持匀速运动状态或静止状态，直到有外力迫使它改变这种状态为止。

（2）物体保持原来的匀速直线运动或静止状态的性质叫惯性，所以牛顿第一定律也叫惯性定律。

（3）力是改变物体运动状态的原因。

（4）力是物体产生加速度的原因。

（5）惯性是维持物体运动的原因。

（6）质量是物体惯性大小的量度。

（7）质量大的物体惯性大，一切物体都有惯性。

2. 牛顿第二定律

（1）物体的加速度跟作用力成正比，跟物体的质量成反比，且加速度的方向与引起这个加速度的力的方向相同。

（2）公式：$F = ma$ 或 $F_合 = ma$。

3. 牛顿第三定律

（1）两个物体之间的作用力和反作用力总是大小相等、方向相反、作用在同一条直线上。

（2）公式：$F = -F'$（"$-$"表示方向相反）。

例如：压力和支持力是一对作用力和反作用力。

四、 书后习题详解

1. ［答案］：D

［详解］：质量是物体惯性大小的量度。

2. ［答案］：C

［详解］：牛顿第一定律的内容是：一切物体总保持匀速运动状态或静止状态，直到有外力迫使它改变这种状态为止。

3. ［答案］：A

［详解］：相互作用力的特点是：大小相等、方向相反、作用在两个物体上。

4. ［答案］：D

［详解］：牛顿第一定律的内容是：一切物体总保持匀速运动状态或静止状态，直到有外力迫使它改变这种状态为止。所以当物体做匀速运动时，所受合外力一定为零。

5. ［答案］：D

［详解］：惯性是物体的特有属性，任何时候都具有，选项 A 错误；没有外力作用时，物体既可能处于静止状态，也可能处于匀速直线运动

状态，选项 B 错误；重力的作用使物体落在地面上，选项 C 错误；牛顿第一定律的内容是一切物体总保持匀速运动状态或静止状态，直到有外力迫使它改变这种状态为止，选项 D 正确。

6. [答案]：A

   [详解]：$m = \dfrac{F}{a} = \dfrac{4}{2} = \dfrac{F'}{3}$，解得 $F' = 6$ N。

7. [答案]：A

   [详解]：$F_{合} = 4 - 2 = 2$ N

   $a = \dfrac{F_{合}}{m} = \dfrac{2}{2} = 1$ m/s^2

8. [答案]：A

   [详解]：$a = g\sin\theta = 10 \times \dfrac{1}{2} = 5$ m/s^2

   $x = v_0 t + \dfrac{1}{2}at^2 = 0 + \dfrac{1}{2} \times 5 \times 1^2 = 2.5$ m

9. [答案]：C

   [详解]：$F_{合} = 4 - 1 = 3$ N

   $a = \dfrac{F_{合}}{m} = \dfrac{3}{1} = 3$ m/s^2

10. [答案]：A

    [详解]：质量是物体惯性大小的量度。

11. [答案]：5 m/s^2

    [详解]：$v = v_0 + at$，即 $50 = 0 + a \times 10$，解得 $a = 5$ m/s^2。

12. 解：

    （1）$m = 20$ kg，$v_0 = 0$ m/s，$v_8 = 6$ m/s，$v_t = 0$ m/s，$s = 12$ m

    $v_t{}^2 - v_8{}^2 = 2a_2 s$

    解得 $a_2 = -1.5$ m/s^2

    $f = ma_2 = 30$ N

    （2）$F - f = ma_1$，$v_8 = v_0 + a_1 t$

    解得 $a_1 = 0.75$ m/s^2

    $F = 45$ N

13. 解：

$m = 1 \text{ kg} \quad F_拉 = 6 \text{ N} \quad f = 2 \text{ N} \quad v_0 = 0 \text{ m/s}$

$F - f = ma$

解得 $a = 4 \text{ m/s}^2$

$v_2 = v_0 + at$

解得 $v_2 = 8 \text{ m/s}$

$s = v_0 t + \dfrac{1}{2}at^2 = 8 \text{ m}$

14. 解：

$F_1 = ma_1$

解得 $a_1 = \dfrac{v_2 - v_1}{t} = \dfrac{2}{3} \text{ m/s}^2 \quad F_1 = \dfrac{2}{3}m$

$F_2 = ma_2$

解得 $a_2 = \dfrac{v_4 - v_3}{t} = 1 \text{ m/s}^2 \quad F_2 = m$

$\dfrac{F_2}{F_1} = \dfrac{m}{\dfrac{2}{3}m} = 3 : 2$

五、 自测题

(一) 选择题

1. 下列有关惯性的说法中，正确的是（　　）。

　　A. 静止在桌面上的苹果不具有惯性

　　B. 运动员跑得越快，惯性越大

　　C. 自由落体运动的苹果有惯性

　　D. 汽车只有在刹车时才有惯性

2. 下列句子中的说法错误的是（　　）。

　　A. 力是改变物体运动状态的原因

B. 力是维持物体运动状态的原因

C. 没有力的作用，物体可以处于静止状态

D. 没有力的作用，物体可以处于匀速直线运动状态

3. 要改变物体的惯性，应改变物体的（　　　）。

A. 质量　　　　　B. 速度　　　　　C. 加速度　　　　D. 所受的力

4. 一个物体受到 $F = 10$ N 的合外力作用时，产生的加速度 $a = 2$ m/s^2，要使它产生 $a' = 4$ m/s^2 的加速度，需要施加的合外力 F' 为（　　　）。（$g = 10$ N/kg）

A. 5 N　　　　　B. 16 N　　　　　C. 17 N　　　　　D. 20 N

5. 一个质量为 m 的物体，从静止开始自由下落，受到空气阻力的大小为 f，加速度 $a = \dfrac{1}{3}g$，则空气阻力 f 的大小是（　　　）。

A. $\dfrac{1}{3}mg$　　　　B. $\dfrac{2}{3}mg$　　　　C. mg　　　　D. $\dfrac{4}{3}mg$

6. 一个物体受到两个互相垂直的外力的作用，已知 $F_1 = 6$ N，$F_2 = 8$ N，物体在这两个力的作用下获得的加速度为 2 m/s^2，那么这个物体的质量为（　　　）。

A. 5 kg　　　　　B. 3 kg　　　　　C. 1 kg　　　　　D. 4 kg

7. 一质量为 10 kg 的物体放在水平面上，它与水平面间的摩擦因数为 0.05，现用水平向右的拉力 $F = 10$ N 拉物体，那么物体的加速度大小是（　　　）。

A. 0.1 m/s^2　　　B. 1 m/s^2　　　C. 10 m/s^2　　　D. 0.5 m/s^2

8. 用两根绳子吊起一重物，使重物保持静止，若逐渐增大两绳之间的夹角，则两绳对重物的拉力的合力变化情况是（　　　）。

A. 增大　　　　　B. 减小　　　　　C. 不变　　　　　D. 无法确定

9. 两个力分别为 F_1、F_2，已知 $F_1 = 40$ N，另一个力 $F_2 = 20$ N，则这两个力的合力最大是（　　　）。

A. 20 N　　　　　B. 80 N　　　　　C. 60 N　　　　　D. 150 N

10. 一个质量为 2 kg 的物体,同时受到两个力的作用,这两个力的大小分别为 2 N 和 6 N,当两个力的方向发生变化时,物体的加速度大小可能是 (　　　)。

　　A. 1 m/s^2　　　　B. 4 m/s^2　　　　C. 5 m/s^2　　　　D. 9 m/s^2

(二)填空题

1. 一个静止在水平地面上的物体,质量为 5 kg,在水平方向受到一个大小为 10 N 的拉力,则物体的加速度大小是_____ m/s^2。

2. 一个静止在水平面的物体,质量为 2000 g,被 60 N 的拉力竖直向上提起,则物体的加速度为_____ m/s^2。($g = 10$ N/kg)

3. _____是物体惯性大小的量度;_____是产生加速度的原因。

4. 力_____(填"是"或"不是")改变物体运动状态的原因,力_____(填"是"或"不是")维持物体运动状态的原因。

5. 一个原来静止在水平面上的物体,质量为 1 kg,在水平方向受到 6 N 的拉力,物体与水平面之间的动摩擦因数 μ 为 0.2,则物体的加速度为_____ m/s^2。($g = 10$ N/kg)

6. 一个物体质量为 2 kg,如图所示,$F_1 = 10$ N,$F_2 = 5$ N,在光滑水平面上做直线运动,若撤去 F_1,则物体所受的合力大小为_____N,加速度大小为_____ m/s^2,方向_____。

$$F_1 \longleftarrow \qquad \boxed{} \qquad \longrightarrow F_2$$

7. 物体之间力的作用是_____的。牛顿第三定律:两个物体之间的作用力和反作用力(一对相互作用力)总是_____相等、_____相反、作用在_____的,用公式可以表示为_____。

8. 一个静止在水平地面上的物体,质量为 5 kg,在水平方向受到一个大小为 10 N 的拉力,物体与水平地面之间的动摩擦因数 μ 是 0.1,则物体的加速度大小是_____ m/s^2。($g = 10$ N/kg)

9. 一个质量为 2 kg 的物体从静止开始做匀加速直线运动，10 s 末的速度为 50 m/s，则该物体受到的合外力为_____N。

10. 小明用手拍桌面，手给桌面的力大小为 10 N，方向竖直向下，则桌面给手的力大小为_____N，方向_____。

（三）计算题

1. 一个原来静止在水平面的物体，质量为 3 kg，水平方向受到 9 N 的拉力，物体与水平面的滑动摩擦因数 $\mu = 0.1$，$g = 10$ N/kg。试求：

   （1）物体运动的加速度大小。

   （2）2 s 末的速度大小。

   （3）第 3 s 内的位移大小。

2. 一个物体在光滑水平面上受到一个恒力 F_1 的作用，在 0.2 s 内，速度从 0.2 m/s 增加到 0.4 m/s；这个物体受到另一个恒力 F_2 的作用时，在相同的时间内，速度从 0.4 m/s 增加到 0.8 m/s。问：第二个力和第一个力之比是多少？

第四章 动 量

一、基础知识

第一节 冲量和动量

1. 基础知识

(1) 冲量：力和力的作用时间的乘积叫作力的冲量，用 I 表示，它是一个矢量。

$$I = Ft \begin{cases} I：冲量，单位 N \cdot s \\ F：力，单位 N \\ t：时间，单位 s \end{cases}$$

(2) 动量：物体的质量与速度的乘积叫作动量，用 p 表示，它是一个矢量。

$$p = mv \begin{cases} p：动量，单位 kg \cdot m/s \\ m：质量，单位 kg \\ v：速度，单位 m/s \end{cases}$$

2. 例题

(1) 一个物体静止在水平面上，受到 10 N 的水平拉力作用了 3 s，则该拉力对这个物体的冲量是_____N·s。

[答案]：30

[详解]：拉力 $F = 10$ N，拉力的作用时间是 $t = 3$ s，拉力的冲量 $I = Ft = 10 \times 3 = 30$ N·s。

（2）两个质量相等的小球，分别从不同高度自由下降，已知 $h_1 : h_2 = 1 : 4$，则它们落地瞬间两球的动量大小之比为_____。

[答案]：1：2

[详解]：两个小球质量相等，则 $m_1 = m_2$；从不同高度自由下降，分别做自由落体运动，则 $v^2 = 2gh$，落地速度 $v = \sqrt{2gh}$。已知高度 $h_1 : h_2 = 1 : 4$，落地瞬间的速度大小之比为 $\dfrac{v_1}{v_2} = \dfrac{\sqrt{2gh_1}}{\sqrt{2gh_2}} = \dfrac{\sqrt{h_1}}{\sqrt{h_2}} = \sqrt{\dfrac{h_1}{h_2}} = \sqrt{\dfrac{1}{4}} = \dfrac{1}{2}$，所以落地瞬间动量之比 $\dfrac{p_1}{p_2} = \dfrac{m_1 v_1}{m_2 v_2} = \dfrac{v_1}{v_2} = \dfrac{1}{2}$。

3. 练习题

（1）选择题

①动量的表示符号和单位分别是（　　　）。

　A. p，kg·m/s　　　　　　B. F，m/s

　C. v，m/s^2　　　　　　D. I，kg·m/s

②两个物体具有相同的动量，则它们一定具有（　　　）。

　A. 相同的速度　　　　　　B. 相同的质量

　C. 相同的运动方向　　　　D. 相同的动能

③一个物体以 5 m/s 的速度向左运动，如果它的质量是 1 kg，则它的动量大小是（　　　）。

　A. 2 kg·m/s　　　　　　　B. 5 kg·m/s

　C. 10 kg·m/s　　　　　　 D. 2.5 kg·m/s

④一个物体质量是 50 kg，以 10 m/s 的速度向右运动。设向左的方向为正方向，则它的动量为（　　　）。

　A. 500 kg·m/s　　　　　　B. 60 kg·m/s

　C. −60 kg·m/s　　　　　　D. −500 kg·m/s

⑤一辆质量为 200 kg 的汽车，以 5 m/s 的速度撞到墙上后静止，则汽车受到的冲量大小为（　　　）。

A. 40 N·s

B. 200 N·s

C. 1000 N·s

D. 2000 N·s

⑥质量为 0.5 kg 的物体，运动速度为 3 m/s，它在一个变力作用下速度变为 7 m/s，方向和原来方向相反，则这段时间动量的变化量为（　　　）。

A. 5 kg·m/s，方向与原运动方向相反

B. 5 kg·m/s，方向与原运动方向相同

C. 2 kg·m/s，方向与原运动方向相反

D. 2 kg·m/s，方向与原运动方向相同

⑦一个质量为 0.18 kg 的垒球以 20 m/s 的水平速度向右飞向球棒，被球棒打击后反向水平飞回，速度大小变为 40 m/s，则这一过程动量的变化量为（　　　）。

A. 10.8 kg·m/s，方向向右

B. 10.8 kg·m/s，方向向左

C. 3.6 kg·m/s，方向向右

D. 3.6 kg·m/s，方向向左

⑧物体做变速运动，则（　　　）。

A. 物体的动量一定发生变化

B. 物体的速度大小一定改变

C. 物体所受的合外力一定改变

D. 物体的冲量可能为 0

⑨下列选项中，三个物理量都是矢量的是（　　　）。

A. 摩擦力、质量、动量

B. 速度、加速度、长度

C. 时间、位移、冲量

D. 重力、动量、位移

（2）填空题

①一物体在水平方向的力 $F=10$ N 的作用下运动了 3 s，则它受到的水平冲量为_____ N·s。

②一个质量为 10 kg 的物体，受到 6 N 的力，以 5 m/s 的速度水平向右匀速运动，则它的动量大小为_____ kg·m/s。

③一个物体静止在水平面上，受到 10 N 的水平拉力作用了 3 s，则该拉力对这个物体的冲量是_____ N·s。

④两个物体具有相同的动量，则它们一定具有相同的_____。

第二节　动量定理

1. 基础知识

（1）动量定理：在一段时间内物体动量的变化量，等于此时间内物体所受合力的冲量。公式为：$I=p'-p$ 或 $Ft=m(v'-v)$。

$$I=p'-p \begin{cases} I：冲量，单位 N·s \\ p：初动量，单位 kg·m/s \\ p'：末动量，单位 kg·m/s \end{cases}$$

或

$$Ft=m(v'-v) \begin{cases} F：力，单位 N \\ t：时间，单位 s \\ m：质量，单位 kg \\ v：初速度，单位 m/s \\ v'：末速度，单位 m/s \end{cases}$$

2. 例题

（1）一个质量 $m = 2$ kg 的钢球，以 $v_1 = 3$ m/s 的速度水平向左运动，碰到一个坚硬的墙后向右弹回，弹回的速度为 $v_2 = 1$ m/s，则钢球受到的冲量大小为_____ kg·m/s。

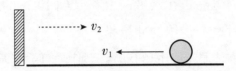

[答案]：8

[详解]：动量是矢量，动量方向由速度方向决定。钢球开始时水平向左运动，设水平向左为正方向，钢球初动量为 $p = mv_1 = 2 \times 3 = 6$ kg·m/s；碰到墙后向右运动，钢球末动量为 $p = mv_2 = 2 \times (-1) = -2$ kg·m/s，由动量定理得 $I = p' - p = -2 - 6 = -8$ kg·m/s。"$-$"与方向有关，故冲量的大小是 8 kg·m/s。

3. 练习题

（1）选择题

①关于动量和冲量，下列说法正确的是（　　）。

A. 对于某物体而言，动量越大，其速度一定越大

B. 力越大，力的冲量就越大

C. 物体动量的方向一定与其所受合力的方向一致

D. 若两个力的大小相等，作用时间也相同，则这两个力的冲量一定相同

②篮球竖直落下，与水平地面碰撞前速度大小为 4 m/s，碰后竖直反弹，速度大小为 1 m/s，已知篮球质量为 0.6 kg，则篮球与地面碰撞过程中篮球所受合力的冲量大小为（　　）。

A. 1.8 kg·m/s　　　　　　B. 3 kg·m/s

C. 0.6 kg·m/s　　　　　　D. 2.4 kg·m/s

③在某一高度处沿水平方向抛出一个小球，不计小球受到的空气阻力，关于小球在运动过程中的说法正确的是（　　）。

A. 小球的动量方向不变

B. 小球的动量大小不变

C. 小球所受重力冲量的大小不变

D. 小球所受重力冲量的方向不变

（2）填空题

质量为 0.2 kg 的小球竖直向下以 6 m/s 的速度落至水平地面，再以 4 m/s 的速度反向弹回，取竖直向上为正方向，则小球与地面碰撞前后的动量变化为_____ kg·m/s。若小球与地面的作用时间为 0.2 s，则小球受到地面的平均作用力大小为_____ N（取 $g = 10$ m/s²）。

（3）计算题

①质量为 2 kg 的小球从 125 m 的高空自由落下，不计空气阻力，取 $g = 10$ m/s²，则：

a. 第 2 s 内动量的变化量是多少？

b. 从开始下落到落地这段时间内，重力的冲量是多少？

②一个质量为 0.3 kg 的弹性小球，在光滑水平面上以 6 m/s 的速度撞在竖直墙壁上，碰撞后小球沿与原运动方向相反的方向运动，速度大小与碰撞前相同，则碰撞前后小球速度变化 Δv 的大小是？碰撞过程中，墙对小球冲量 I 大小为？

第三节 动量守恒定律

1. 基础知识

(1) 动量守恒定律：一个系统不受外力或者所受外力之和为零时，系统的总动量保持不变。公式为：$p = p'$（$F_合 = 0$）。当系统内只有两个物体时，动量守恒定律公式也可写为：$p_1 + p_2 = p_1' + p_2'$ 或 $m_1v_1 + m_2v_2 = m_1v_1' + m_2v_2'$。

$$p = p' \begin{cases} p: 系统初动量 \\ p': 系统末动量 \end{cases}$$

或

$$p_1 + p_2 = p_1' + p_2' \begin{cases} p_1: 物体1\ 的初动量 \\ p_2: 物体2\ 的初动量 \\ p_1': 物体1\ 的末动量 \\ p_2': 物体2\ 的末动量 \end{cases}$$

$$m_1v_1 + m_2v_2 = m_1v_1' + m_2v_2' \begin{cases} m_1: 物体1\ 的质量 \\ m_2: 物体2\ 的质量 \\ v_1: 物体1\ 的初速度 \\ v_2: 物体2\ 的初速度 \\ v_1': 物体1\ 的末速度 \\ v_2': 物体2\ 的末速度 \end{cases}$$

2. 练习题

(1) 选择题

① 质量为 0.01 kg 的子弹，以 400 m/s 的速度射入质量为 0.49 kg、静止在光滑水平面上的木块，并留在木块中，则它们一起运动的速度大小为（　　）。

A. 6 m/s　　　　　B. 8 m/s　　　　　C. 10 m/s　　　　　D. 12 m/s

②质量为 M 的木块放在光滑水平桌面上处于静止状态，今有一颗质量为 m、速度为 v_0 的子弹沿水平方向击中木块，并停留在其中与木块一起运动，则相互作用后木块速度为（　　）。

A. $\dfrac{2mv_0}{M+m}$　　　　　　　　　　B. $\dfrac{Mv_0}{M+m}$

C. $\dfrac{(M-m)v_0}{M+m}$　　　　　　　　D. $\dfrac{mv_0}{M+m}$

③如图所示，小球 A 以速度 v_0 向右运动时跟静止的小球 B 发生碰撞，碰撞后 A 球以 $\dfrac{v_0}{2}$ 的速度弹回，而 B 球以 $\dfrac{v_0}{3}$ 的速度向右运动，则 A、B 两球的质量之比为（　　）。

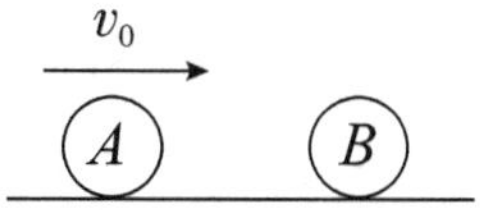

A. $2:9$　　　　　B. $9:2$　　　　　C. $2:3$　　　　　D. $3:2$

（2）填空题

以速度 20 m/s 沿水平方向飞行的手榴弹在空中爆炸，炸裂成 1 kg 和 0.5 kg 的两块，其中 0.5 kg 的那块以 40 m/s 的速度沿原来速度相反的方向运动，此时另一块的速度为 _____。

（3）计算题

①一个物体的质量是 2 kg，沿竖直方向下落，以 10 m/s 的速度碰到水泥地面，随后又以 8 m/s 的速度被反弹回，若取竖直向上为正方向，则：

　　a. 小球与地面相碰前的动量是多少？相碰后的动量是多少？

　　b. 小球的动量变化的大小和方向是？

②质量 $m = 1$ kg 的小球从高 $h_1 = 20$ m 处自由下落到软垫上，反弹后上升的最大高度 $h_2 = 5$ m，小球与软垫接触的时间 $t = 1$ s，不计空气阻力，g 取 10 m/s²，以竖直向下为正方向。求小球与软垫接触前后的动量改变量。

③质量为 2 kg 的物体水平向右运动，初速度为 2 m/s，运动 3 s 后速度为 4 m/s。求（注意要设出正方向）：

a. 物体的初动量为多少？

b. 物体的末动量为多少？

c. 此过程动量的变化量为多少？

d. 此过程重力的冲量为多少？

二、 本章知识点结构图

动量
- 冲量
  - 定义：力和力的作用时间的乘积叫力的冲量
  - 公式：$I = Ft$
  - 单位：$N \cdot s$
- 动量
  - 定义：物体的质量与速度的乘积叫作动量
  - 公式：$p = mv$
  - 单位：$kg \cdot m/s$
  - 方向：与速度 v 方向相同
- 动量定理
  - 内容：在一段时间内物体动量的变化量，等于此时间内物体所受合力的冲量
  - 公式：$I = p' - p$ 或 $Ft = m(v' - v)$
- 动量守恒定律
  - 内容：一个系统不受外力或者所受外力之和为零时，系统的总动量保持不变
  - 公式：$p = p'$ 或 $p_1 + p_2 = p_1' + p_2'$
  - 或 $m_1v_1 + m_2v_2 = m_1v_1' + m_2v_2'$

三、 书后习题详解

1. [答案]：C

   [详解]：主要考查冲量公式和动量定理。根据动量定理，可知物体受到冲量越大，Δp 越大，动量变化越大，选项 C 正确，选项 A、B 错误；冲量 $I = Ft$，如果时间 t 很大，它所受的作用力就很小，选项 D 错误。

2. [答案]：D

   [详解]：主要考查动量公式。根据动量公式 $p = mv$ 可知，选项 A 速度

大的物体，如果质量很小，动量可能很小，错误；选项 B，质量大的物体如果速度很小，动量可能很小，错误；选项 C，两个物体质量相等，速度大小相等，如果速度的方向相反，则它们的动量大小相等，方向相反，错误；选项 D，两个物体的速度相同，也就是它们的速度大小和方向都相同，质量大的物体动量一定大，正确。

3. [答案]：B

[详解]：主要考查动量定理。物体开始时静止在水平面上，初速度为 0。冲量是矢量，如果水平恒力的方向不同，则冲量 Ft 不相等，根据动量定理 $Ft = m(v' - v) = mv'$，冲量不相等，则末动量不相等，所以选项 A、C 错误；因为力 F 大小相等，所以在相同时间内末动量 $p' = mv'$ 大小相等，选项 B 正确；根据动量定理 $Ft = \Delta mv$，如果冲量不相等，动量的增量也不相等，选项 D 错误。

4. [答案]：C

[详解]：动量是矢量，动量的方向由速度的方向决定。钢球开始时水平向左运动，设水平向左为正方向，钢球初动量为 $p = mv = 1 \times 3 = 3$ kg·m/s；碰到墙后向右运动，钢球末动量为 $p' = mv = 1 \times (-1) = -1$ kg·m/s，由动量定理得 $I = p' - p = -1 - 3 = -4$ kg·m/s，"$-$"与方向有关，冲量的大小是 4 kg·m/s。

5. [答案]：C

[详解]：钢球质量 $m = 9$ kg，速度 $v = 6$ m/s，动量 $p = mv = 9 \times 6 = 54$ kg·m/s。

6. [答案]：5 kg·m/s

[详解]：子弹质量 $m = 10$ g $= 0.01$ kg，速度 $v = 500$ m/s，动量 $p = mv = 0.01 \times 500 = 5$ kg·m/s。

7. [答案]：$1 : \sqrt{2}$

[详解]：两个小球质量相等，则 $m_1 = m_2$；从不同高度自由下降，分别做自由落体运动，则 $v^2 = 2gh$，落地速度 $v = \sqrt{2gh}$。已知高度 $h_1 : h_2 =$

$1:2$，落地瞬间的速度大小之比为 $\dfrac{v_1}{v_2} = \dfrac{\sqrt{2gh_1}}{\sqrt{2gh_2}} = \dfrac{\sqrt{h_1}}{\sqrt{h_2}} = \sqrt{\dfrac{h_1}{h_2}} = \sqrt{\dfrac{1}{2}} = \dfrac{1}{\sqrt{2}}$，

所以落地瞬间动量之比 $\dfrac{p_1}{p_2} = \dfrac{m_1 v_1}{m_2 v_2} = \dfrac{v_1}{v_2} = \dfrac{1}{\sqrt{2}}$。

8. [答案]：2 s 末动量大小是 2.4×10^4 kg·m/s，10 s 末动量大小是 0。

[详解]：汽车初速度 $v_0 = 20$ m/s，质量 $m = 2 \times 10^3$ kg，加速度 $a = -4$ m/s^2，2 s 末，速度 $v = v_0 + at = 20 + (-4 \times 2) = 12$ m/s，动量 $p = mv = 2 \times 10^3 \times 12 = 2.4 \times 10^4$ kg·m/s。汽车停止运动时 $v_t = 0$，根据 $v = v_0 + at$ 可知，$0 = 20 - 4t$，$t = 5$ s，汽车在 $t = 5$ s 时停止运动，所以 10 s 末汽车的速度是 0，汽车的动量大小也是 0。

9. [答案]：平均作用力大小为 500 N，方向竖直向上。

[详解]：铁球质量 $m = 10$ kg，从 $h = 5$ m 高度自由下落，做自由落体运动，$v^2 = 2gh$，与地面接触前速度 $v = \sqrt{2gh} = \sqrt{2 \times 10 \times 5} = 10$ m/s，接触后 $t = 0.2$ s 内停止运动，末速度 $v_t = 0$。动量变化 $\Delta p = p' - p = mv_t - mv = 0 - 10 \times 10 = -100$ kg·m/s，根据动量定理 $I = Ft = \Delta p$，$F = \dfrac{\Delta p}{t} = \dfrac{-100}{0.2} = -500$ N。因此，平均作用力大小为 500 N，方向竖直向上。

10. [答案]：共同速度是 $\dfrac{mv}{m+M}$。

[详解]：木块质量为 M，开始时静止，初速度为 0，子弹的质量为 m，速度为 v。

子弹和木块开始时的总动量为 $p = mv$。子弹射入木块后一起运动，总质量为 $m+M$，共同的速度为 v'，末动量 $p' = (m+M)v'$。对于子弹和木块组成的系统动量守恒，$p = p'$，$mv = (m+M)v'$，解得 $v' = \dfrac{mv}{m+M}$。

四、自测题

(一) 基础检测

1. 冲量用_____表示，公式为_____，单位为_____，它是_____（填"标量"或"矢量"）。

2. 动量用_____表示，公式为_____，单位为_____，它是_____（填"标量"或"矢量"）。

3. 动量定理的公式是_____或_____。

4. 动量守恒定律的公式是_____或_____或_____。

(二) 选择题

1. 一个质量为 5 kg 的钢球，以 6 m/s 的速度水平向右运动，它的动量大小为（   ）。

   A. 1 kg·m/s   B. 30 kg·m/s   C. 180 kg·m/s   D. 150 kg·m/s

2. 质量为 m 的小孩儿以水平速度 v 跳上一辆静止在光滑水平轨道的平板车，小孩儿跳上车后人和车具有共同的运动速度，则下列说法正确的是（   ）。

   A. 该过程中机械能守恒   B. 该过程中动量守恒

   C. 该过程中动量与机械能均守恒   D. 以上答案都不正确

3. 一个质量 $m = 5$ kg 的物体，在水平面上做匀加速直线运动，初速度 $v_0 = 1$ m/s，末速度 $v_t = 5$ m/s，则这个物体的动量变化量的大小为（   ）。

   A. 5 kg·m/s   B. 10 kg·m/s   C. 20 kg·m/s   D. 25 kg·m/s

4. 一个物体以 5 m/s 的速度向左运动，如果它的质量是 2 kg，则它的动量大小是（   ）。

   A. 2 kg·m/s   B. 5 kg·m/s   C. 10 kg·m/s   D. 2.5 kg·m/s

5. 一个物体静止在水平面上，受到 5 N 的水平拉力作用了 2 s，则该拉力对这个物体的冲量是（   ）。

   A. 5 N·s   B. 2 N·s   C. 10 N·s   D. 7 N·s

（三）填空题

1. 一颗质量为 $m = 10$ g 的子弹，以 1000 m/s 的水平速度运动，则该子弹的动量大小为_____。

2. 一个质量 $m = 3$ kg 的钢球，以 $v_1 = 5$ m/s 的速度水平向左运动，碰到一个坚硬的墙后被向右弹回，弹回的速度为 $v_2 = 1$ m/s，则钢球受到的冲量大小为_____。

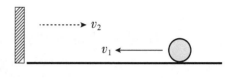

3. 一个质量为 3 kg 的钢球，以 6 m/s 的速度水平向右运动，它的动量的大小为_____ kg·m/s。

4. 一个物体静止在水平面上，受到 6 N 的水平拉力作用了 3 s，则该拉力对这个物体的冲量是_____N·s。

5. 一个小球静止在光滑水平面上，小球的质量 $m = 2$ kg。一个 $F = 4$ N 的力作用在小球上一段时间后撤去，撤去力后小球在光滑水平面上的速度 $v = 2$ m/s，则力 F 的作用时间是_____s。

6. 如图所示，一颗质量 $m = 0.002$ kg 的子弹，以 $v = 500$ m/s 的速度射入一个静止的木块，木块的质量 $M = 0.498$ kg，射入后子弹与木块以相同的速度向右运动，则它们一起运动的速度为_____m/s。

7. 一个重力为 10 N 的物体，在倾角 30° 的光滑斜面上匀加速下滑 5 s，则这个过程中重力冲量大小为_____N·s。

（四）计算题

1. 两个质量相等的小球，分别从不同高度自由下降，已知 $h_1 : h_2 = 1 : 9$，则它们落地瞬间两球的动量大小之比为多少？

2. 两个质量不同的小球，$m_1 = 2m_2$，分别从不同高度自由下降，已知 h_1 : $h_2 = 1 : 4$，则它们落地瞬间两球的动量大小之比为多少？

第五章　机械能

一、基础知识

第一节　功和功率

1. 基础知识

（1）功：一个物体如果受到力的作用，并在力的方向上发生一段位移，这个力就对物体做了功。（力与位移间的角度用 α 表示）

$$W = Fs\cos\alpha \begin{cases} W：功 \\ F：物体受到的力 \\ s：物体的位移 \end{cases}$$

（2）功率：功与完成这些功所需的时间的比值叫作功率，用 P 表示。

$$P = \frac{W}{t} = Fv \begin{cases} P：功率 \\ W：功 \\ t：时间 \\ F：力 \\ v：速度 \end{cases}$$

2. 例题

（1）一个质量为 2 kg 的物体，受到 4 N 的水平拉力在光滑水平面上运动 6 m，则拉力 F 做功为_____J，重力做功为_____J。

［答案］：24；0

［详解］：拉力大小为 4 N，位移大小为 6 m，二者夹角为 $0°$，$\cos\alpha = 1$。

$W = Fs\cos\alpha = 4 \times 6 \times 1 = 24$ J。

重力与位移的夹角为 $90°$，$\cos\alpha = 0$，故 $W = 0$。

（2）外力 F 在 2 s 内对物体做功 8 J，则功率大小为_____W。

[答案]：4

[详解]：功率 $P = \dfrac{W}{t} = 8 \div 2 = 4$ W。

3. 练习题

（1）选择题

①一个人用同样大小的水平拉力拉着木箱，分别在光滑和粗糙的两种水平地面上前进相同的距离。关于拉力所做的功，下列说法中正确的是（　　）。

A. 在粗糙的地面上做功多

B. 在光滑的地面上做功多

C. 两次做功一样多

D. 条件不足，无法比较

②下列关于功率的说法中，正确的是（　　）。

A. 物体做功越多，功率越大

B. 物体做功越短，功率越大

C. 物体做功越快，功率越大

D. 物体做功越长，功率越大

③在国际单位制中，功率的单位是（　　）。

A. 牛顿（N）　　　　　　　B. 瓦特（W）

C. 焦耳（J）　　　　　　　D. 帕斯卡（Pa）

④甲比乙高，如果两人举起相同质量的杠铃所用时间相等，如图所示，则（　　）。

A. 甲做功较多

B. 乙做功较多

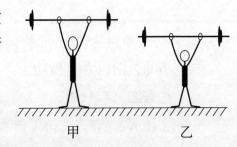

甲　　　　　乙

C. 甲、乙做功相等

D. 乙做功的功率更大

⑤下列关于做功的几个判断，正确的是（　　）。

A. 起重机将货物吊起时，起重机的拉力对货物做了功

B. 人用力托着一箱货物站着不动时，人对货物做了功

C. 汽车载着货物在水平公路上行驶时，汽车对货物向上的支持力做了功

D. 某个人将铅球推出，铅球落地后在水平地面上滚动时，重力对铅球做了功

⑥平直公路上的甲、乙两辆汽车，在相同牵引力作用下匀速行驶，如果在相同时间内通过的路程之比为 5:3，则甲与乙（　　）。

A. 牵引力做功之比为 5:3

B. 牵引力做功之比为 3:5

C. 牵引力的功率之比为 1:1

D. 汽车所受的阻力之比为 5:3

⑦关于功和功率的概念，下列说法正确的是（　　）。

A. 功有正、负之分，说明功是矢量

B. 力对物体没有做功，则物体位移一定为 0

C. 一个力对物体做了负功，但这个力不一定阻碍物体的运动

D. 某个力对物体做功越快，它的功率一定越大

（2）填空题

①力学里的功包含两个必要因素：一是_____；二是_____。

②把一个 50 g 的鸡蛋举高 2 m，做的功大约是_____J。

③用 20 N 的水平拉力把重 100 N 的物体沿水平桌面拉动 2 m，拉力所做的功为_____J，重力做的功为_____J。

④小明同学积极参加社区服务活动，帮助邻居张奶奶将一袋 15 kg 的米匀速背上 15 m 高的六楼，上楼共用时 3 min。在此过程中，小明对这袋米做了_____J 的功。（$g = 10$ N/kg）

（3）计算题

①一辆载重卡车连同货物一起的总质量 $m = 4.5 \times 10^3$ kg，在 $F = 4.0 \times 10^3$ N 的牵引力作用下在平直公路上做匀速直线运动，1 min 内行驶了 900 m，g 取 10 N/kg，求：

a. 卡车连同货物受到重力的大小。

b. 卡车受到阻力的大小。

c. 牵引力做功的功率。

②质量 $m = 2$ kg 的物体，在 $F = 12$ N 水平方向力的作用下，物体与平面间的动摩擦因数 $\mu = 0.5$。物体从静止开始运动，运动时间 $t = 4$ s。求：

a. 力 F 在 4 s 内对物体所做的功。

b. 力 F 在 4 s 内对物体所做功的平均功率。

c. 在 4 s 末力 F 对物体做功的瞬时功率。

③一辆汽车在一段平直的高速公路上以 30 m/s 的速度匀速行驶，汽车的牵引力为 2×10^3 N，求：

a. 汽车受到的平均阻力。

b. 汽车 5 s 内行驶的路程。

c. 汽车 5 s 内做的功。

第二节 动能和动能定理

1. 基础知识

（1）动能定理：合力所做的功等于物体动能的变化，$W = \Delta E_K$。

（2）动能公式：

$$E_K = \frac{mv^2}{2} \begin{cases} E_K：动能 \\ m：质量 \\ v：速度 \end{cases}$$

2. 例题

（1）某物体做匀速直线运动，速度大小为 10 m/s，质量为 500 g，$g = 10$ m/s^2，则物体此刻的动能为_____J。

[答案]：25

[详解]：物体的质量为 $500 \div 1000 = 0.5$ kg，

动能 $E_K = \dfrac{1}{2} mv^2 = \dfrac{1}{2} \times 0.5 \times 10^2 = 25$ J。

（2）在光滑的水平地面上有一个质量 $m = 2$ kg 的小球。小球在外力的作用下速度大小从 4 m/s 变为 5 m/s，速度方向不变，则外力做功为（   ）。

A. 8 J   B. 9 J   C. 10 J   D. 0 J

[答案]：B

[详解]：外力做功 $W = \dfrac{1}{2}m(v^2 - v_0^2) = \dfrac{1}{2} \times 2 \times (5^2 - 4^2) = 9$ J。

3. 练习题

（1）选择题

①要增大物体的动能，应该增大物体的（   ）。

     A. 加速度   B. 运动时间

     C. 速度   D. 所受的力

②下列说法正确的是（   ）。

     A. 速度大的球一定比速度小的球动能大

     B. 同一辆车运动速度越大动能就越大

     C. 子弹的速度比火车的速度大，所以子弹的动能比火车的动能大

     D. 平直公路上匀速行驶的洒水车动能不变

（2）填空题

①质量为 m 的物体做匀加速直线运动，从 v 增加至 $2v$，则该物体的初动能为_____，动能的增加量为_____。

②质量为 $m = 2$ kg 的物体放在水平面上，在水平恒力作用下从静止开始做加速运动，经一段位移后速度达到 4 m/s，此时物体的动能为_____J，这一过程中合力对物体做的功为_____J。

③以 20 m/s 的初速度竖直上抛一质量为 0.5 kg 的小球，小球上升的最大高度是 18 m，上升过程中空气阻力对小球做的功为_____J，小球落回抛出点时的动能为_____J。

④一质量为 0.2 kg 的小球，初速度为 10 m/s 时，其动能为_____ J；末速度为 20 m/s 时，其动能为_____ J；此过程中合外力对小球所做的总功为_____ J。

（3）计算题

①某滑板爱好者在离地 $h = 0.8$ m 高的平台上滑行，水平离开 A 点后落在水平地面的 B 点，其水平位移 $s_1 = 2$ m。着地后以 $v = 4$ m/s 的速度沿水平地面运动（着地时存在能量损失），滑行 $s_2 = 6$ m 后停止。已知人与滑板的总质量 $m = 60$ kg，空气阻力忽略不计，$g = 10$ m/s^2。求：

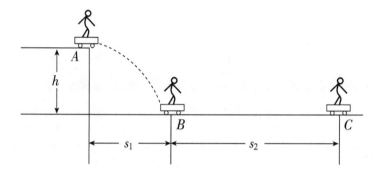

a. 人与滑板在水平地面滑行时受到的平均阻力大小。

b. 人与滑板离开平台时的水平初速度。

②如图所示，半径 $R = 3$ m 的四分之一竖直圆弧轨道，在水平方向，底端距水平地面的高度 $h = 45$ m。一质量 $m = 1$ kg 的小滑块从圆弧轨道顶端由静止释放，到达轨道底端点的速度 $v = 3$ m/s。忽略空气的阻力，取 $g = 10$ m/s²。求：

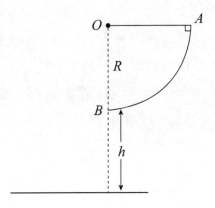

a. 小滑块从 A 点运动到 B 点的过程中，摩擦力所做的功。

b. 小滑块在圆弧轨道底端 B 点对轨道的压力大小 f_N。

c. 小滑块落地点与 B 点的水平距离。

③一物体静止在不光滑的水平面上，已知 $m = 1$ kg，$\mu = 0.1$，现用水平外力 $F = 10$ N 拉其运动 4 m，后立即撤去水平外力 F，求其还能滑多远。（g 取 10 m/s²）

第三节　势能

1. 基础知识

（1）重力势能：物体由于被举高而具有的能量叫作重力势能。

$$E_{\mathrm{P}} = mgh \begin{cases} E_{\mathrm{P}}：重力势能 \\ m：物体的质量 \\ g：重力加速度 \\ h：物体离参考平面的高度 \end{cases}$$

（2）参考平面：这个水平面的高度为零，重力势能也为零，这个平面叫作参考平面。

2. 例题

以地面为零势能面，一质量为 2 kg 的物体被举高 3 m 时，物体所具有的重力势能为_____J；落回到地面时，物体所具有的重力势能为_____J。

[答案]：60；0

[详解]：物体被举高 3 m 时，重力势能 $E_{\mathrm{P}} = mgh = 2 \times 10 \times 3 = 60$ J；物体落回到地面时，重力势能 $E_{\mathrm{P}} = mgh = 0$。

3. 练习题

（1）选择题

①一架沿竖直方向上升的直升机，它具有（　　　）。

    A. 动能　　　　　　　　　　B. 重力势能

    C. 弹性势能　　　　　　　　D. 动能和重力势能

②高空抛物是极不文明的行为，会造成很大的危害，因为高处的物体具有较大的（　　）。

A. 弹性势能　　　　　　　　B. 重力势能

C. 体积　　　　　　　　　　D. 重力

③篮球场上，运动员练习投篮，篮球画过一条漂亮的弧线落入篮筐，球的轨迹如图中虚线所示，从篮球离手到落入篮筐，篮球的重力势能（　　）。

A. 一直增大

B. 一直减小

C. 先减小后增大

D. 先增大后减小

（2）填空题

①右图所示为一个斜抛物体的运动过程，当物体由抛出位置1运动到最高位置2时，重力做功是_____J，重力势能_____（填"增大""减小"或"不变"）。由位置1运动到位置3时，重力做功是_____J，重力势能_____（填"增大""减小"或"不变"）。

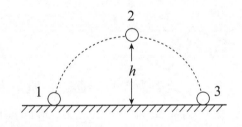

②质量为5 kg的铜球，从离地面30 m高处自由下落2 s，其重力势能变为_____。（g取10 m/s²，取地面为参考平面）

③甲、乙两物体质量$m_甲 = 5m_乙$，它们从同一高度自由落下，落下相同高度时，甲、乙两物体所需时间之比是_____，此时它们对地的重力势能之比是_____。

④质量为50 kg的人沿着长150 m、倾角为30°的坡路走上土丘，重力对他做功为_____J，他的重力势能增加了_____J。（g取10 m/s²）

（3）计算题

①如图，质量为 0.5 kg 的小球，从桌面以上 $h_1 = 1.2$ m 的 A 点落到地面的 B 点，桌面高 $h_2 = 0.8$ m。若以桌面所处平面为零势能面。（$g = 10$ m/s^2）求：

a. 小球在 A、B 两点时的重力势能。

b. 下落过程重力做的功。

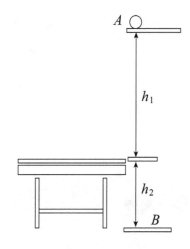

②质量为 3 kg 的物体（可视为质点）放在离地面 4 m 高的平台上，g 取 10 m/s^2。求：

a. 物体相对于平台表面的重力势能是多少？

b. 物体相对于地面的重力势能是多少？

c. 物体从平台落到地面上，重力势能变化了多少？

第四节　机械能守恒定律

1. 基础知识

（1）机械能守恒定律：在只有重力和弹簧弹力对物体做功的情况下，物体的动能和势能可以相互转化，物体机械能总量保持不变。

公式：$E_1 = E_2$

$$E_{K1} + E_{P1} = E_{K2} + E_{P2}$$

（2）动能和势能之和就是机械能。

公式：$E = E_P + E_K$

2. 例题

在距离地面 40 m 高的地方以 10 m/s 的速度水平抛出一质量 $m = 1$ kg 的小球，不计空气阻力，求小球落地时动能的大小。

解：

小球在下落过程中，只有重力做功，满足机械能守恒条件，以地面为参考系，小球抛出时具有的重力势能 $E_{P1} = mgh = 1 \times 10 \times 40 = 400$ J，具有的动能 $E_{K1} = \dfrac{1}{2}mv^2 = \dfrac{1}{2} \times 1 \times 10^2 = 50$ J，小球落地时具有的重力势能为 $E_{P2} = 0$ J，具有的动能为 E_{K2}。

根据机械能守恒定律 $E_{K1} + E_{P1} = E_{K2} + E_{P2}$，得到 $400 + 50 = 0 + E_{K2}$，

解得 $E_{K2} = 450$ J。

答：小球落地时的动能为 450 J。

3. 练习题

（1）选择题

①一颗卫星被发射升空，在卫星加速升空的过程中，下列关于卫星的能量分析的说法正确的是（   ）。

A. 动能增加，势能不变

B. 动能不变，势能增加

C. 机械能总量不变

D. 机械能总量增加

②某同学骑自行车上坡时，速度越来越慢，则车和人的（   ）。

A. 动能变大，重力势能变大

B. 动能变小，重力势能变小

C. 动能不变，重力势能不变

D. 动能变小，重力势能变大

③在加速上升的过程中，火箭的（   ）。

A. 动能不变，重力势能不变

B. 动能增加，重力势能不变

C. 动能不变，重力势能增加

D. 动能增加，重力势能增加

④熟透的苹果从树上落下的过程中，下列说法正确的是（   ）。

A. 动能减小，重力势能减小

B. 动能增大，重力势能增大

C. 动能增大，重力势能减小

D. 动能减小，重力势能增大

⑤无人机在农田上方沿水平方向匀速飞行，同时均匀喷洒农药。此过程中，无人机的（   ）。

A. 动能减小，重力势能减小

B. 动能减小，重力势能不变

C. 动能不变，重力势能减小

D. 动能不变，重力势能不变

⑥以下过程中，机械能守恒的是（　　）。

A. 雨滴落地之前在空中匀速下落

B. 物体沿光滑斜面下滑

C. 飞船搭乘火箭加速上升

D. 汽车刹车后在水平路面上滑动

（2）填空题

①小明乘坐匀速转动的摩天轮向最高点运动的过程中，小明的重力势能_____，小明的机械能_____（填"增大""减小"或"不变"）。

*②在水平地面上铺一张纸，将皮球表面涂黑，使皮球分别从不同高度处自由下落，在纸上留下黑色圆斑 A、B，如图所示。球从较高处下落形成的圆斑是图中_____（填 "A" 或 "B"），由此可知重力势能大小与_____有关。

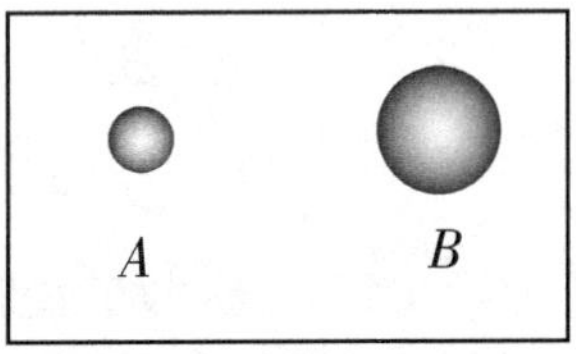

③高空落下的物体的重力势能与_____有关，下落过程是将重力势能转化为_____。

*④撑杆跳高是一项技术性很强的体育运动，完整的过程可以简化成三个阶段：持杆助跑、撑杆起跳上升、越杆下落。在到达最高点的过程中，是动能和_____转化为_____，下落过程中_____逐渐增加。

⑤一个质量为 m 的物体自倾角为 θ 的光滑斜面顶端由静止开始滑下，它在滑下一段距离 L 时的动能为_____。

⑥一个篮球从空中自由下落到地面的过程中，它的动能不断_____，势能不断_____，机械能的总量_____（填"增加""减小"或"不变"）。

（3）计算题

①某辆汽车，在水平路面上匀速行驶时的速度为 36 km/h，汽车发动
机的牵引力为 1.5×10^3 N，则：

a. 当汽车下坡时，动能和重力势能之间是怎样转化的？

b. 汽车在水平路面上匀速行驶时，它的功率为多少？

②小红每天都练习跳绳，跳绳时她所穿鞋的总质量为 0.4 kg，平均每
分钟她跳绳 120 次，假定每次双脚抬离地面的高度均为 5 cm，则：

a. 每上升一次她对鞋做的功为多少？

b. 她跳绳时对鞋做功的平均功率为多少？（g 取 10 N/kg）

二、 本章知识点结构图

机械能
┊
功
┊ 概念：一个物体如果受到力的作用，并在力的方向上发生一段位移，这个力就对物体做了功
┊ 公式：$W = Fs\cos\alpha$
┊ 单位：焦耳（J）

功率
┊ 概念：功与完成这些功所需的时间的比值
┊ 公式：$P = \dfrac{W}{t}$
┊ 单位：瓦特（W）

能
┊ 动能：$E_K = \dfrac{1}{2}mv^2$
┊ 势能：$E_P = mgh$
┊ 机械能：$E = E_K + E_P = \dfrac{1}{2}mv^2 + mgh$

动能定理
┊ 概念：合力所做的功等于物体动能的变化
┊ 公式：$W = \Delta E_K$

机械能守恒定律
┊ 概念：在只有重力或弹力对物体做功的情况下，物体的动能和势能可以相互转化，物体机械能总量保持不变
┊ 公式：$E_{K1} + E_{P1} = E_{K2} + E_{P2}$

三、 本章知识归纳

（一）功（W）：一个物体受到力的作用，并在力的方向上发生一段位移，这个力就对物体做了功。功是一个标量，单位是焦耳（J）。

1. 当力与位移方向相同时：$W = Fs$。

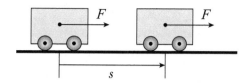

2. 当力与位移方向垂直时：$W = 0$ J。

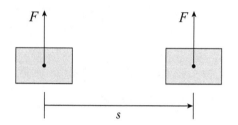

3. 当力与位移方向相反时：$W = -Fs$。

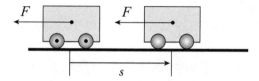

4. 当力与位移方向有夹角时：$W = Fs\cos\alpha$。

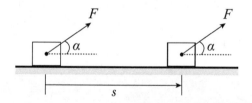

（二）动能：物体由于运动而具有的能量叫作动能。动能是标量，单位为 J。

公式：$E_K = \dfrac{1}{2}mv^2$。

（三）动能定理：合外力所做的功等于物体动能的变化。

公式：$W = \Delta E_K$。

四、 书后习题详解

1. [答案]：B

   [详解]：一个物体动量变化，可能是速度方向改变了，但此时动能不变，选项 A 错误；一个物体的动能变化，则一定是速度大小改变，动量一定变，选项 B 正确；两个物体相互作用后，动量变化的方向不一样，选项 C 错误；两个物体相互作用后，总动能改变，选项 D 错误。

2. [答案]：C

   [详解]：加速运动，动能一定发生变化。如果向上运动，则势能增加；如果向下运动，则势能减少。所以选项 C 正确。

3. [答案]：A

   [详解]：水平推力对物体做功 $W = Fs$，两次推力 F 相同，位移 s 相同，所以做功相同。

4. [答案]：B

   [详解]：由于空气阻力对物体做功，所以机械能减小，不守恒。

5. [答案]：A

   [详解]：由动能定理 $W = \Delta E_K$，所以 $mgh = \frac{1}{2}mv^2$，$g = 10 \text{ m/s}^2$，$h = 5$ m，所以 $v = 10 \text{ m/s}$。

6. [答案]：A

   [详解]：由动能定理 $W = \Delta E_K$，所以 $W = \frac{1}{2}mv^2 = 50 \text{ J}$。

7. [答案]：A

   [详解]：动能 $E_K = \frac{1}{2}mv^2$，m 不变，速度增大为原来的 3 倍，动能将变为原来的 9 倍。

8. [答案]：D

   [详解]：动能 $E_K = \frac{1}{2}mv^2$，m 相同，$v_1 : v_2 = 2 : 1$，则 $E_{K1} : E_{K2} = 4 : 1$。

9. ［答案］：D

［详解］：小朋友在轨道顶端静止，动能为 0，势能为 mgh，停下来后动能为 0，势能为 0，所以重力势能减小，机械能减小，摩擦力做负功。

10. ［答案］：A

［详解］：势能减小，动能增大，机械能守恒，选项 A 正确，选项 C、D 错误；合力的方向时刻改变，选项 B 错误。

11. ［答案］：A

［详解］：小红提水桶的力是竖直向上的，位移的方向是水平的，二者垂直，做功为 0。

12. ［答案］：A

［详解］：由动能定理 $W = \Delta E_K$，所以 $W = \frac{1}{2} m \left(v_2{}^2 - v_1{}^2 \right) = \frac{1}{2} \times 0.2 \times \left(3^2 - 1^2 \right) = 0.8$ J。

13. ［答案］：C

［详解］：由动能定理 $W = \Delta E_K$，所以 $mgh = \frac{1}{2} m \left(v_2{}^2 - v_1{}^2 \right)$，解得 $v_2 = 10\sqrt{3}$。

14. ［答案］：D

［详解］：重力的方向竖直向下，位移的方向为水平方向，二者垂直，所以重力做功为 0。

15. ［答案］：C

［详解］：动能 $E_K = \frac{1}{2} m v^2 = \frac{1}{2} \times 10 \times 10^2 = 500$ J。

16. ［答案］：D

［详解］：热气球缓缓升空，受到浮力和阻力的作用；树叶的质量太小，受到的空气阻力可忽略，选项 A、B 错误；跳水运动员在水中下沉过程受到浮力作用，机械能不守恒，选项 C 错误；铅球质量大，受到的空气阻力可忽略，选项 D 正确。

17. ［答案］：B

［详解］：位移为 0，所以重力做功为 0。

18. [答案]：D

[详解]：由图像可知 $s_1 \neq s_2$，所以选项 A、C 错误；由图像可知 $a_1 = a_2$，所以 $\Delta v_1/\Delta t_1 = \Delta v_2/\Delta t_2$，所以 $\Delta p_1 = \Delta p_2$，选项 D 正确，选项 B 错误。

19. [答案]：$\frac{1}{2}mv_0^2$

[详解]：由于机械能守恒，所以 $E_P = \frac{1}{2}mv_0^2$，$v_0^2 = 2gh$，所以 $E_P = \frac{1}{2}mv_0^2$。

20. [答案]：$10\sqrt{5}$

[详解]：由动能定理 $W = \Delta E_K$，所以 $W = \frac{1}{2}m(v_2^2 - v_1^2)$，所以 $20 \times 10 = \frac{1}{2}m(v^2 - 10^2)$，解得 $v = 10\sqrt{5}$ m/s。

21. [答案]：250 J

[详解]：$W = Fs = 50 \times 5 = 250$ J。

22. [答案]：250 J；10 kg·m/s

[详解]：$E_K = \frac{1}{2}mv^2 = \frac{1}{2} \times 0.02 \times 500^2 = 250$ J，$p = mv = 0.02 \times 500 = 10$ kg·m/s。

23. [答案]：4：1

[详解]：动能 $E_K = \frac{1}{2}mv^2$，m 相同，$v_1 : v_2 = 2 : 1$，则 $E_{K1} : E_{K2} = 4 : 1$。

24. 解：$W_F = Fs\cos\alpha = 50 \times 10 \times 1 = 500$ J，

$W_G = Fs\cos\alpha = 100 \times 10 \times 0 = 0$ J，

$W_f = Fs\cos\alpha = \mu mgs\cos\alpha = 0.1 \times 10 \times 10 \times 10 \times (-1) = -100$ J，

所以拉力做的总功为 500 J，重力做功 0 J，物件克服摩擦力做功 100 J。

25. 解：由动能定理 $W = \Delta E_K$，

得

$$W = \frac{1}{2}m\left(v_2{}^2 - v_1{}^2\right) = \frac{1}{2}m\left(v_3{}^2 - v_2{}^2\right)$$

$v_1 = 700$，$v_2 = 500$，

解得 $v_3 = 100$ m/s。

26. 解：由动能定理 $W = \Delta E_K$，

所以 $mgh = \frac{1}{2}mv^2$，$h = L\sin\theta$，

解得 $v = \sqrt{10}$ m/s。

27. 解：$W_G = mgh = 60 \times 10 \times 15 = 9000$ J，

$W_f = -fs = -2400$ J，

由动能定理 $W_合 = \Delta E_K$，

所以 $W_G + W_f = \frac{1}{2}mv^2 = \frac{1}{2} \times 60 \times v^2$，

解得 $v = 2\sqrt{55}$ m/s，摩擦力做功为 -2400 J。

28. 解：（1）$f = \mu mg = 4$ N，

$F_合 = 12 - 4 = 8$ N，

由动能定理 $W_合 = \Delta E_K$，

得 $8 \times 2 = \frac{1}{2} \times 2 \times v^2$，

所以 $v = 4$ m/s。

（2）$W_G = Fs\cos\alpha = 2 \times 10 \times (-h) = -20h$，

$W_f = Fs\cos\alpha = \mu mgs\cos\alpha = -4\sqrt{3}h$，

由动能定理 $W_合 = \Delta E_K$，

所以 $W_G + W_f = 0 - \frac{1}{2}mv^2$，

解得 $h = \dfrac{4}{(5 + \sqrt{3})}$ m。

29. 解：（1）A—B，动能定理 $W = \Delta E_K$，

所以 $mgh = \frac{1}{2}m\left(v_2{}^2 - v_1{}^2\right)$，

解得 $v = 6$ m/s。

（2） B—C，动能定理 $W = \Delta E_K$，

所以 $\mu mgs\cos\alpha = 0 - \dfrac{1}{2}mv^2$，

解得 $s = 4.5$ m。

30. 解：（1）由动能定理 $mgh = \dfrac{1}{2}m(v^2 - v_0^2)$，

解得 $v = 25$ m/s。

（2）落地时，$E = E_K + E_P = E_K = \dfrac{1}{2}mv^2 = \dfrac{1}{2} \times 2 \times 25^2 = 625$ J。

31. 解：（1） $a = \dfrac{f}{m} = 10 \div 2 = 5$ m/s^2。

（2） $v = at = 5 \times 3 = 15$ m/s。

$E_K = \dfrac{1}{2}mv^2 = \dfrac{1}{2} \times 2 \times 15^2 = 225$ J。

32. 解：（1） $v = gt = 10 \times 1 = 10$ m/s。

（2） $v = gt = 10 \times 2 = 20$ m/s，

$p = mv = 4 \times 20 = 80$ kg · m/s。

（3） $v = gt = 10 \times 3 = 30$ m/s，

$E_K = \dfrac{1}{2}mv^2 = \dfrac{1}{2} \times 4 \times 30^2 = 1800$ J。

（4） $s = \dfrac{1}{2}gt^2$，

所以 $t = 2\sqrt{10} < 10$，

解得 10 s 末的位移是 200 m。

五、 自测题

(一)基础检测

1. 一个物体如果受到力的作用，并在力的方向上发生一段位移，这个力就对物体做了_____，用字母_____表示，公式是_____。

2. 功与完成这些功所需的时间的比值叫_____，用字母_____表示，公式是_____。

3. 动能定理：_____所做的功等于物体动能的变化，公式是_____。

4. 用字母_____表示动能，公式是_____。

5. 物体由于被举高而具有的能量叫作_____，用字母_____表示，公式是_____。

（二）填空题

1. 质量为 m 的乒乓球，从地面弹起到 h 高度后又落回到地面。重力加速度为 g。在整个过程中，重力所做的功为_____。

2. 以初速度 v_0 竖直向上抛出一个质量为 m 的物体，当物体上升到最高位置时，重力势能为_____。（不考虑空气阻力）

3. 一个物体，质量为 10 kg，受到 50 N 的水平拉力 F 作用，在光滑水平面上前进了 2 m，则拉力 F 做的功 $W =$_____。

4. 甲、乙两物体质量相等，速度大小之比是 2：1，则甲与乙的动能之比是_____。

5. 小红提着质量为 5 kg 的水桶在水平道路上匀速行走了 10 m，则在整个过程中小红提水桶的力所做的功为_____。

6. 某物体做匀速直线运动，速度为 10 m/s，质量为 10 kg，$g = 10$ m/s^2，则物体此刻的动能为_____。

7. 在光滑的水平地面上有一个质量为 0.2 kg 的小球，小球在外力的作用下速度从 1 m/s 变为 2 m/s，速度方向不变，则外力做功为_____。

（三）选择题

1. 将小球从地面以初速度 v_0 竖直上抛，小球到达最高点后落回到地面，如果不计空气阻力，则下列说法正确的是（　　）。

A. 只有下落的时候，重力加速度才为 g

B. 上升的最大高度为 $h = 2gv_0^2$

C. 下落回地面的速度为 $2v_0$

D. 整个过程机械能守恒

2. 一个质量 $m = 2$ kg 的物体，从高度 $h = 5$ m、长度 $L = 10$ m 的光滑斜面的顶端 A 由静止开始下滑（如图所示），那么物体滑到斜面底端 B 时速度的大小是（   ）。（不计空气阻力，g 取 10 m/s^2）

A. 10 m/s   B. 20 m/s

C. 100 m/s   D. 200 m/s

3. 用 25 N 的水平拉力 F 拉一个质量为 10 kg 的物体，在光滑的水平面上前进了 40 m，则拉力 F 做功为（   ）。

A. 100 J   B. 1000 J   C. 600 J   D. 0 J

4. 粗糙水平面上有一个质量为 100 kg 的物体，用 10 N 的水平推力使它以 3 m/s 的速度沿受力方向匀速运动了 10 s，则此过程中（   ）。

A. 重力做功 3000 J   B. 推力的功率 30 W

C. 推力做功 3000 J   D. 摩擦力为 100 N

5. 一个 10 N 的水平拉力作用在一个物体上，物体在水平面上前进了 5 m，则水平拉力做的功是（   ）。

A. 2 J   B. 50 J   C. 15 J   D. 5 J

6. 用 20 N 的水平拉力，拉一个质量为 4 kg 的物体，在光滑的水平面上前进了 3 m，则拉力做功为（   ）。

A. 12 J   B. 60 J   C. 80 J   D. 240 J

7. 一个物体，它运动的速度是 v 时，其动能为 E，那么当这个物体的速度增加到 $4v$ 时，其动能应该是（   ）。

A. $16E$ B. $8E$ C. $4E$ D. $2E$

8. 一名短跑运动员，他的体重 $m = 60$ kg，以 $v = 10$ m/s 的速度向终点冲刺的过程中，该运动员的动能 E_K 的大小为（   ）。

A. 3000 J   B. 6000 J   C. 600 J   D. 300 J

9. 一个物体的质量是 2 kg，它的速度大小是 5 m/s，则它的动能是（   ）。

A. 5 J   B. 6 J   C. 25 J   D. 10 J

（四）计算题

1. 质量为 $m = 1$ kg 的物体，在高 $h = 1$ m 的光滑弧形轨道 A 点，以 $v_0 = 4$ m/s 的初速度沿轨道滑下，并进入 BC 轨道，如图所示。已知 BC 段的动摩擦因数 $\mu = 0.4$，求：

   （1）物体滑至 B 点时的速度。

   （2）物体最后停止在离 B 点多远的位置上。

2. 一个质量为 2 kg 的物体放在水平地面上，在 6 N 的水平拉力作用下水平向左运动，物体与地面之间的动摩擦因数 μ 为 0.1，$g = 10$ m/s²。求：

   （1）2 s 末物体的动能。

   （2）从开始到第 2 s 末拉力做的功。

   （3）从开始到第 2 s 末摩擦力做的功。

3. 长为 $L = 1.8$ m 的轻质细线一端固定于 O 点，另一端系一个质量 $m = 0.5$ kg 的小球（如图所示）。把小球拉到 A 点，由静止开始释放，O、A 在同一水平面上，B 为小球运动的最低点。忽略空气阻力，$g = 10$ m/s^2。求：

（1）小球在 A 点的重力势能（B 点的重力势能为零势能面）。

（2）小球运动到 B 点时速度的大小。

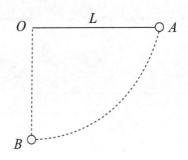

4. 一物体质量为 2 kg，初速度 $v_0 = 5$ m/s，从距地面 10 m 高的地方水平抛出，g 取 10 m/s^2，求：

（1）物体落地时的速度大小是多少？（要求利用机械能守恒定律解题）

（2）物体落地时的水平位移的大小是多少？

（3）物体落地时的机械能是多少？（取地面为零势能面）

第六章　电　场

一、基础知识

第一节　电荷与库仑定律

1. 基础知识

(1) 自然界只存在两种电荷：正电荷和负电荷。同种电荷相互排斥，异种电荷相互吸引。

(2) 电荷守恒定律：电荷既不能被创造，也不能被消灭，只能从一个物体转移到另一个物体，或者从物体的一部分转移到另一部分，在转移的过程中，电荷的总量保持不变。

(3) 电荷的多少叫作电荷量，单位是库仑，简称库，用符号 C 表示。

(4) 库仑定律：在真空中的两个点电荷之间的相互作用力跟它们的电荷量的乘积成正比，跟它们之间的距离的平方成反比，作用力的方向在它们的连线上。公式：

$$F = \frac{kQ_1Q_2}{r^2}$$

(5) 两个分别带有电荷量 Q_1 和 Q_2 的相同金属小球，相互接触后，两个小球的电荷量为 $Q_1{}'$ 和 $Q_2{}'$。公式：

$$Q_1{}' = Q_2{}' = \frac{Q_1 + Q_2}{2}$$

2. 例题

（1）一个带电量为 $Q_1 = 5 \times 10^{-4}$ C 的小球与带电量为 $Q_2 = -3 \times 10^{-4}$ C 的小球相碰，充分接触后再分开，则每个小球的带电量为_____C。

[**答案**]：1×10^{-4}

[**详解**]：$Q_1' = Q_2' = \dfrac{Q_1 + Q_2}{2}$

$$= \frac{5 \times 10^{-4} + (-3 \times 10^{-4})}{2} = \frac{2 \times 10^{-4}}{2} = 1 \times 10^{-4} \text{ C}。$$

（2）在真空中的两个电荷，如果距离保持不变，把它们的电荷量都增加为原来的 4 倍，则两电荷的库仑力增大到原来的_____倍。

[**答案**]：16

[**详解**]：根据库仑定律可知，

$$F = \frac{kQ_1Q_2}{r^2}$$

由于距离不变，$r' = r$。

电荷量都增加为原来的 4 倍：$Q_1' = 4Q_1$，$Q_2' = 4Q_2$。

所以 $F' = \dfrac{kQ_1'Q_2'}{r^2} = \dfrac{k4Q_1 \, 4Q_2}{r^2} = \dfrac{k16Q_1 \, Q_2}{r^2} = 16F$。

3. 练习题

（1）选择题

①在光滑的水平面上，有两个相距较近的异种等量电荷小球，将它们由静止释放，则两球间（　　）。

A. 距离变小，相互作用力变小

B. 距离变大，相互作用力变小

C. 距离变大，相互作用力变大

D. 距离变小，相互作用力变大

②为使真空中两个点电荷间的相互作用力变为原来的 $\dfrac{1}{4}$，可采用的方法是（　　）。

A. 两个点电荷所带电荷量都减小为原来的 $\dfrac{1}{4}$

B. 电荷间的距离增大为原来的 4 倍

C. 电荷之间的距离减小为原来的 $\dfrac{1}{4}$

D. 电荷间距和其中一个电荷所带的电荷量都增大为原来的 4 倍

③两个点电荷相距为 d，相互之间库仑力大小为 F，保持两点电荷的电荷量不变，增加它们之间的距离到 $3d$，则它们之间的库仑力为（　　）。

A. $9F$ 　　　　　 B. $3F$ 　　　　　 C. $\dfrac{1}{3}F$ 　　　　　 D. $\dfrac{1}{9}F$

④真空中两静止点电荷所带电荷量分别为 $4Q$ 和 $3Q$，它们之间的库仑力大小为 F。现将两电荷所带电荷量分别变为 $2Q$ 和 $6Q$，保持其距离不变，则它们之间库仑力的大小为（　　）。

A. F 　　　　　 B. $\dfrac{8}{7}F$ 　　　　　 C. $\dfrac{7}{8}F$ 　　　　　 D. $2F$

（2）填空题

①两个点电荷相距为 d，相互作用力大小为 F，使两点电荷的电荷量都变为原来的 2 倍，改变它们之间的距离，使之相互作用力大小为 $16F$，则两点之间的距离应是_____。

②两个点电荷相距为 d，相互作用力大小为 F。改变两个点电荷之间的距离，当相互作用力大小为 $\dfrac{1}{16}F$ 时，则两电荷点之间的距离是_____。

③导体 A 带 $5Q$ 的正电荷，另一完全相同的导体 B 带 $-Q$ 的负电荷，将两导体接触一会儿后再分开，则 B 导体的电荷量为_____。

（3）计算题

①两个大小相同的金属小球 A、B 分别带有 $Q_A : Q_B = 4 : 1$ 数值的电荷量，相距较远，相互间引力为 F。现将另一个不带电的，与 A、B 完全相同的金属小球 C，先与 A 接触，再与 B 接触，然后离开。求 A、B 间的作用力。

②两个相同的金属小球，带电荷量分别为 $-2Q$ 和 $+6Q$，小球半径远小于两球心的距离 r。将它们接触后放回原处，求此时的静电力大小。

第二节 电场与电场强度

1. 基础知识

（1）电场强度：放入电场中某一点的电荷受到的电场力 F 跟它的电量 q 的比值。它的单位为 N/C。简称场强，用 E 表示，是矢量。公式：

$$E = \frac{F_电}{q}$$

正电荷受到的电场力方向与电场强度方向相同，负电荷受到的电场力方向与电场强度方向相反。

（2）点电荷的场强：在点电荷 Q 形成的电场中，距 Q 为 r 处电场强度为：

$$E = \frac{kQ}{r^2}$$

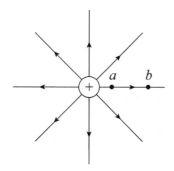 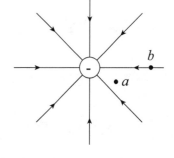

正点电荷的电场（发散）　　　　负点电荷的电场（收敛）

（3）电场线越稀疏的地方，电场强度越小；电场线越密集的地方，电场强
度越大。

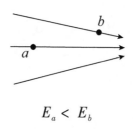

$$E_a < E_b$$

（4）匀强电场：在电场的某一区域，如果电场强度的大小和方向都相同，
这个区域的电场叫作匀强电场。匀强电场的电场线是平行的。

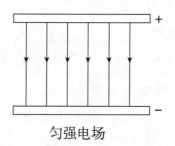

匀强电场

2. 例题

（1）在真空中，某点电荷电荷量为 $3q$，则相距为 r 处的电场强度的大小为_____。

[答案]：$\dfrac{3kq}{r^2}$

[详解]：已知点电荷的电场强度公式为 $E = \dfrac{kQ}{r^2}$，

则在本题中，$E = \dfrac{k \times 3q}{r^2} = \dfrac{3kq}{r^2}$。

（2）已知一个电场的电场强度的大小为 5000 V/m，一个电荷量为 4×10^{-6} C 的点电荷在这个电场中受到的电场力大小为_____N。

[答案]：2×10^{-2}

[详解]：已知电场强度的公式为 $E = \dfrac{F_{电}}{q}$，

则 $F_{电} = Eq = 5 \times 10^{3} \times 4 \times 10^{-6} = 20 \times 10^{-3} = 2 \times 10^{-2}$ N。

3. 练习题

（1）选择题

①一个电荷量为 5.0×10^{-9} C 的点电荷放在场强为 4.0×10^{4} N/C 的电场中，那么这个点电荷受到的电场力的大小是（　　）。

A. 2.0×10^{-8} N　　　　　　　B. 2.0×10^{-4} N

C. 2.0×10^{-5} N　　　　　　　D. 2.0×10^{-3} N

②右图为某静电场的电场线，a、b、c 是同一条电场线上的三个点，这三个点的电势分别为 φ_a、φ_b、φ_c，下列关系式正确的是（　　）。

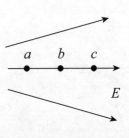

A. $\varphi_a = \varphi_b = \varphi_c$　　　　　　B. $\varphi_a < \varphi_b < \varphi_c$

C. $\varphi_a > \varphi_b > \varphi_c$　　　　　　D. $\varphi_a = \varphi_b > \varphi_c$

③某电场的电场线分布如图所示，A、B 是电场中的两点，A、B 两点的电场强度的大小分别为 E_A、E_B，则 E_A、E_B 的大小关系是（　　）。

A. $E_A > E_B$　　　B. $E_A < E_B$

C. $E_A = E_B$　　　D. 无法确定

④如图所示，A、B 是同一条电场线上的两点，这两点电场强度的关系是（　　）。

A. $E_A > E_B$，方向相同

B. $E_A > E_B$，方向不同

C. $E_A < E_B$，方向相同

D. $E_A < E_B$，方向不同

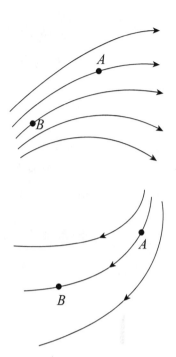

（2）填空题

①在真空中有两个点电荷，二者的距离保持一定。若把它们各自的电荷量都增加为原来的 2 倍，则两电荷的库仑力将增加到原来的_____倍。

②A、B 两小球分别带有 $+8$ C 和 -6 C 的电荷量，两球充分接触后分开，则 A 球带电荷量为_____C。

③导体 A 带 $+8q$ 的正电荷，另一完全相同的导体 B 带 $-4q$ 的负电荷，将两导体接触一会儿后再分开，则导体 B 所带电荷量为_____C。

④两个完全相同的小金属球，它们带异种电荷，电荷量的大小之比为 $5:1$，它们在相距一定距离时相互作用力为 F_1，如果让它们接触后再放回各自原来的位置上，此时相互作用力变为 F_2，则 $F_1:F_2$ 为_____。

⑤真空中甲、乙两个固定的点电荷，相互作用力为 F，若甲的带电量变为原来的 2 倍，乙的带电量变为原来的 8 倍，要使它们的作用力变为 $4F$，则它们之间的距离应变为原来的_____。

⑥某区域的电场线分布如图所示，电场中有 A、B 两点。设 A、B 两点的电场强度大小分别为 E_A、E_B，则 E_A ＿＿＿＿＿ E_B。

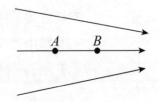

（3）计算题

①两个分别带有电荷量 $-Q$ 和 $+3Q$ 的相同金属小球，固定在相距为 r 的两处，它们之间库仑力的大小为 F。两小球相互接触后将其固定距离变为 $\dfrac{r}{2}$，求两球间库仑力的大小。

②如图所示为匀强电场中的一簇电场线，A、B 为电场中的两点，若在 A 点放一负电荷，带电荷量为 2.0×10^{-8} C，受电场力大小 $F_A = 5 \times 10^{-5}$ N，方向向左。

a. 求 A 点电场强度的大小。

b. 若将电荷量是 4.0×10^{-10} C 的正电荷放在 B 点，它受的电场力多大？

$A \bullet$

$\bullet B$

第三节　电场中的导体与静电平衡 *

1. 基础知识

（1）静电平衡：导体中（包括表面）没有电荷的定向移动的状态。处于静电平衡状态的导体，内部的场强处处为零。

（2）静电屏蔽：把一个实心导体挖空，变成一个导体壳。在静电平衡状态下，壳内的场强仍处处为零。此时，壳内区域不受外界电场的影响，这种现象叫作静电屏蔽。

第四节　电势差与电势

1. 基础知识

（1）电势差：电荷 q 在电场中由一点 a 移动到另一点 b 时，电场力所做的功 W_{ab} 与电荷量 q 的比值，叫作 a、b 两点间的电势差。

公式为：

$$①U_{ab} = \frac{W_{ab}}{q} \begin{cases} U_{ab}：a、b \text{ 之间的电势差} \\ W_{ab}：\text{电场力做的功} \\ q：\text{电荷量} \end{cases}$$

②$U_{ab} = U_a - U_b$（U_a 为 a 点的电势，U_b 为 b 点的电势）

（3）等势面：电场中电势相同的各点构成的面叫作等势面。

（4）沿着电场线的方向，电势逐渐降低。

（5）在匀强电场中，沿电场强度方向的两点间的电势差等于电场强度和这两点间距离 d 的乘积，公式为 $U = Ed$。

（6）电场力做正功时，$W_{ab} > 0$；电场力做负功时，$W_{ab} < 0$。（也可以说是克服电场力做功）

2. 例题

（1）比较 A、B 两点的电势大小：U_A _____ U_B。

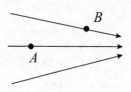

[**答案**]：>

[**详解**]：已知沿着电场线的方向，电势逐渐降低。在此图中，电场线向右，因此沿着向右的方向，电势逐渐降低，A 的电势比 B 的电势大。

（2）有一个电荷量为 $q = 5 \times 10^{-5}$ C 的点电荷，在电场中从 A 点移动到 B 点，克服电场力做功为 2×10^{-3} J。则 A、B 两点之间的电势差为____ _____ V。

[**答案**]：-40

[**详解**]：已知克服电场力做功为 2×10^{-3} J，即电场力做负功，$W_{AB} = -2 \times 10^{-3}$ J。

$$U_{AB} = \frac{W_{AB}}{q} = \frac{-2 \times 10^{-3}}{5 \times 10^{-5}} = -0.4 \times 10^2 = -40 \text{ V}。$$

3. 练习题

（1）选择题

①下列物理量中，不是矢量的是（　　）。

 A. 冲量   B. 位移   C. 电势   D. 电场强度

②一个带负电的点电荷，电荷量为 -2×10^{-3} C，从电场中 A 点移动到 B 点，电场力做功为 4×10^{-4} J，则 A、B 之间的电势差 U 为（　　）。

 A. -0.2 V B. 0.2 V   C. 0.4 V   D. -0.4 V

③如图所示，在电场强度为 E 的匀强电场中，有相距为 L 的 A、B 两点，其连线与电场强度方向的夹角为 θ，A、B 两点间的电势差 $U_{AB} = U_1$。现将一根长为 L 的细金属棒沿 AB 连线方向置于该匀强电场中，此时金属棒两端的电势差 $U_{AB} = U_2$，则（　　）。

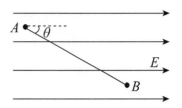

A. $U_1 = U_2 = EL\cos\theta$

B. $U_1 = U_2 = -EL\cos\theta$

C. $U_1 = EL\cos\theta$，$U_2 = 0$

D. $U_1 = -EL\cos\theta$，$U_2 = EL\cos\theta$

④如图所示，在某电场中画出了三条电场线，C 点是 A、B 连线的中点。已知 A 点的电势 $\varphi_A = 30$ V，B 点的电势 $\varphi_B = -10$ V，则 C 点的电势（　　）。

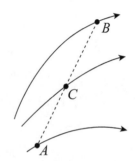

A. $\varphi_C = 10$ V

B. $\varphi_C > 10$ V

C. $\varphi_C < 10$ V

D. 上述选项都不正确

⑤如图，a、b、c、d 是匀强电场中的四个点，各点间电势差最大的是（　　）。

A. a 点与 d 点

B. d 点与 c 点

C. a 点与 b 点

D. a 点与 c 点

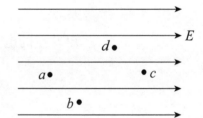

（2）填空题

①如果在某电场中将 5.0×10^{-8} C 的电荷由 A 点移到 B 点，电场力做功为 6.0×10^{-6} J，那么 A、B 两点间的电势差是_____ V；若在 A、B 两点间移动 2.5×10^{-7} C 的电荷，电场力做的功为_____。

②如图所示，匀强电场场强 $E =$ 100 V/m，A、B 两点相距 10 cm，则 U_{AB} 的大小为 _____ V。

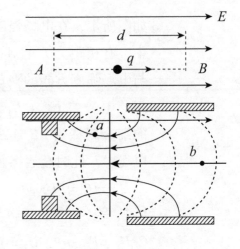

*③右图为某示波管内的聚焦电场横截面示意图，实线和虚线分别表示电场线和等势线。则电场中 a、b 两点的场强大小关系为 E_a _____ E_b，电势关系为 φ_a _____ φ_b。

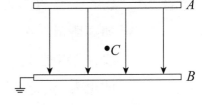

④如图所示，相距 10 cm 的平行板 A 和 B 之间有匀强电场，电场强度 $E =$ 2×10^3 V/m，方向向下，电场中 C 点距平行板 B 3 cm，平行板 B 接地，则平行板 A 电势 $\varphi_a =$ _____；C 点电势 $\varphi_c =$ _____。

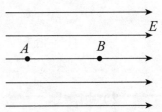

(3) 计算题

①如图所示，匀强电场的电场强度大小 $E = 2.0 \times 10^3$ N/C，方向水平向右，沿电场线方向有 A、B 两点，A、B 两点间的距离 d = 0.20 m。将电荷量 $q = +2.0 \times 10^{-8}$ C 的正点电荷从 A 点移至 B 点。求：

a. 电荷从 A 点移至 B 点的过程中，电场力所做的功及 AB 两点的电势差 U_{AB}。

b. 已知 B 点的电势 $\varphi_B = 300$ V，那么 A 点的电势 φ_A 是多少？

②如图所示，匀强电场场强 $E = 100$ V/m，A、B 两点相距 10 cm，A、B 连线与电场线夹角为 60°，若取 A 点电势为 0，求 B 点电势。

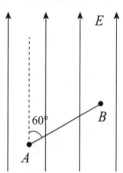

第五节　电容*

1. 基础知识

（1）电容器：任何两个彼此绝缘又相隔很近的导体，都可以看作是一个电容器。电容器可以容纳电荷。

（2）电容器的电容：

$$C = \frac{Q}{U} \begin{cases} C：电容器的电容 \\ Q：电量 \\ U：电势差 \end{cases}$$

（3）介电常量：电容器极板间充满某种电介质时电容增大到的倍数叫作这种电介质的介电常量，用 ε 表示。

$$C = \frac{\varepsilon S}{4\pi k d} \begin{cases} C：电容器的电容 \\ \varepsilon：介电常量 \\ S：面积 \\ k：静电力常量 \\ d：两极板的间距 \end{cases}$$

二、 本章知识点结构图

两种点电荷：正电荷、负电荷

库仑定律
- 内容：在真空中的两个点电荷之间相互作用力跟它们的电荷量的乘积成正比，跟它们之间的距离的平方成反比，作用力的方向在它们的连线上
- 表达式：$F = \dfrac{kQ_1Q_2}{r^2}$
- 选用条件：真空、点电荷

电场 〈

电场强度
- 定义：放入电场中某一点的电荷受到的电场力 F 跟它的电荷量 q 的比值
- 公式：$E = \dfrac{F}{q}$（定义式）　　$E = \dfrac{kQ}{r^2}$（点电荷）
  $E = \dfrac{U}{d}$（匀强电场）
- 单位：N/C
- 方向：正电荷的受力方向
- 叠加：遵守平行四边形法则

电场线
- 意义：表示电场的强弱和方向
- 特点：不封闭，不相交，沿电场线电势降低；电场线密则场强大，电场线稀疏则场强小

电势 $\varphi = \dfrac{E_p}{q}$
- 电势能：$E_p = q\varphi$
- 电势差：$U_{AB} = \varphi_A - \varphi_B$
- 电场力做功：$W_{AB} = qU_{AB}$

三、 书后习题详解

1. [**答案**]：C

   [**详解**]：电场强度与检验电荷无关，选项 A、B 错误；电场线越密集，电场强度越大，选项 C 正确；进入电场的正电荷受力方向是电场方向，进入电场的负电荷受力方向与电场方向相反，选项 D 错误。

2. [**答案**]：D

   [**详解**]：电场强度的大小、方向由场源电荷决定，与试探电荷的电荷量 q、电场力 F 无关，选项 A、B 错误；正电荷受到的电场力方向与电场强度方向相同，负电荷受到的电场力方向与电场强度方向相反，选项 C 错误；已知 $E = \dfrac{F}{q}$，电场强度是可以由 $\dfrac{F}{q}$ 确定的，选项 D 正确。

   （注意：确定与决定是两个概念）

3. [**答案**]：D

   [**详解**]：如图所示，A、B 两处的电荷均在中点 O 处有电场强度，O 处的电场强度是电场叠加产生的。A 是正电荷，其在 O 点产生的电场强度大小为 $E_A = \dfrac{kq}{\left(\dfrac{r}{2}\right)^2} = \dfrac{4kq}{r^2}$，方向水平向右；$B$ 是负电荷，其在 O 点产生的电场强度大小也为 $E_B = \dfrac{kq}{\left(\dfrac{r}{2}\right)^2} = \dfrac{4kq}{r^2}$，方向也是水平向右。则在 O 点的电场强度大小为 $E_O = E_A + E_B = \dfrac{4kq}{r^2} + \dfrac{4kq}{r^2} = \dfrac{8kq}{r^2}$。

   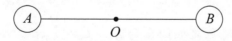

4. [**答案**]：C

   [**详解**]：在匀强电场中，$U = Ed\cos\alpha$，α 为电场方向与距离的夹角。在本题中 $\alpha = 180° - 60° = 120°$，因此 $U_{ab} = Ed\cos120° = 500 \times 0.02 \times \left(-\dfrac{1}{2}\right) = -5$ V。

5. [答案]: D

[详解]: 电场线的疏密表示电场强度的大小，只有一条电场线时无法判断电场线的疏密，即无法确定电场强度的大小，选项 A 错误；电势能的大小等于电荷量与电势的乘积，即 $E_p = Uq$，从本题的图中只能知道 $U_a > U_b$，在不知道电荷量的情况下，无法判断电势能的大小，选项 B 错误；只有在匀强电场时，a、b 两点的电势差才等于 Ed，选项 C 错误；根据电场力做功的公式 $W_{ab} = Uq$ 可知，选项 D 正确。

6. [答案]: A

[详解]: 电场线的疏密表示电场强度的大小，P 处的电场线更密集，因此 $E_P > E_Q$；又因为沿着电场线的方向，电势逐渐降低，因此 $U_P > U_Q$。选项 A 正确。

7. [答案]: C

[详解]: 电场线的疏密表示电场强度的大小，b 处的电场线更密集，因此 $E_a < E_b$；又因为沿着电场线的方向，电势逐渐降低，因此 $U_a > U_b$。选项 C 正确。

8. [答案]: B

[详解]: 两电荷之间的库仑力为 $F = \dfrac{kQ_1Q_2}{r^2}$，

将两个电荷的电荷量均增大为 2 倍，

则此时的库仑力为 $F' = \dfrac{k \times 2Q_1 \times 2Q_2}{r^2} = \dfrac{4kQ_1Q_2}{r^2}$，

所以 $F' = 4F$。

9. [答案]: C

[详解]: 两电荷之间的库仑力为 $F = \dfrac{kQ_1Q_2}{d^2}$，

改变两个电荷之间的距离变为 d'，

则此时的库仑力为 $F' = \dfrac{kQ_1Q_2}{d'^2} = 4F = \dfrac{4kQ_1Q_2}{d^2}$，

故 $\dfrac{1}{d'^2} = \dfrac{4}{d^2}$，

所以 $d' = \dfrac{d}{2}$。

10. [答案]：C

11. [答案]：B

[详解]：电场线的疏密表示电场强度的大小，A 处的电场线更密集，因此 $E_A > E_B$。又因为电场力的公式为 $F = Eq$，所以在 A 处的电场力为 $F_A = E_A q$，在 B 处的电场力为 $F_B = E_B q$，因此在 A 处电场力比在 B 处的电场力大，选项 B 正确。

12. [答案]：C

[详解]：两电荷之间的库仑力为 $F = \dfrac{kQ_1 Q_2}{d^2}$，

改变两个电荷之间的距离变为 $d' = 2d$，

改变两个电荷的电荷量，使得 $Q_1' = 2Q_1$，$Q_2' = 2Q_2$，

则此时的库仑力为 $F' = \dfrac{kQ_1'Q_2'}{d'^2} = \dfrac{k2Q_1 \times 2Q_2}{(2d)^2} = \dfrac{kQ_1 Q_2}{d^2} = F$。

13. [答案]：B

[详解]：已知点电荷的电场强度公式为 $E = \dfrac{kq}{r^2}$。根据电场叠加可知，$E_D = E_A + E_C = 0$，D 点处的电场强度为 0，选项 B 正确。

14. [答案]：B

[详解]：匀强电场的电场线是等距平行的，选项 A 错误；电场线的疏密表示电场强度的大小，a 处的电场线更密集，因此 $E_a > E_b$，选项 B 正确，选项 C 错误；又因为电场力的公式为 $F = Eq$，所以在 a 处的电场力为 $F_a = E_a q$，在 b 处的电场力为 $F_b = E_b q$，因此在 a 处电场力比在 b 处的电场力大，选项 D 错误。

15. [答案]：D

[详解]：已知电场力做功的公式为 $W = qU$，选项 D 正确。

16. [答案]：B

[详解]：两个电荷之间的相互作用力满足库仑定律 $F = \dfrac{kQ_1 Q_2}{r^2}$，选项

B 正确。

17. [**答案**]：B

[**详解**]：同种电荷相互排斥，因此两个同种电荷的小球之间的距离变大；又因为两个电荷之间的相互作用力满足库仑定律，两个电荷的电荷量不改变，距离变大，则库仑力变小，选项 B 正确。

18. [**答案**]：$\dfrac{F}{4}$

[**详解**]：两电荷之间的库仑力为 $F = \dfrac{kQ_1Q_2}{d^2}$，

只改变两个电荷之间的距离变为 $d' = 2d$，

则此时的库仑力为 $F' = \dfrac{kQ_1'Q_2'}{d'^2} = \dfrac{kQ_1 \times Q_2}{(2d)^2} = \dfrac{kQ_1Q_2}{4d^2} = \dfrac{F}{4}$。

19. [**答案**]：$1 : 1$

[**详解**]：两电荷之间的库仑力为 $F = \dfrac{kQ_1Q_2}{d^2}$，

假设电荷 C 的电荷量为 Q_C，

$F_{AonC} = \dfrac{kQ_AQ_C}{\left(\dfrac{r}{2}\right)^2}$，$F_{BonC} = \dfrac{kQ_BQ_C}{\left(\dfrac{r}{2}\right)^2}$，

因为 C 刚好静止不动，

所以 $F_{AonC} = \dfrac{kQ_AQ_C}{\left(\dfrac{r}{2}\right)^2} = F_{BonC} = \dfrac{kQ_BQ_C}{\left(\dfrac{r}{2}\right)^2}$，

所以 $Q_A = Q_B$，

所以 $Q_A : Q_B = 1 : 1$。

20. 解：

电荷在 A 处受到的电场力为 $F = Eq = 5 \times 10^3 \times 6 \times 10^{-9} = 30 \times 10^{-6} = 3 \times 10^{-5}$ N，

当电荷的电荷量减小为 $q' = 3 \times 10^{-9}$ C，

则此时的库仑力为 $F' = Eq' = 5 \times 10^3 \times 3 \times 10^{-9} = 15 \times 10^{-6} = 1.5 \times 10^{-5}$ N。

21. 解：

已知电荷的电荷量为 $q = -3 \times 10^{-6}$ C，

将电荷从 A 移动到 B 的过程中，$W_{AB} = U_{AB}q = -6 \times 10^{-4}$ J，

所以 $U_{AB} = \dfrac{W_{AB}}{q} = \dfrac{-6 \times 10^{-4}}{-3 \times 10^{-6}} = 200$ V。

将电荷从 B 移动到 C 的过程中，$W_{BC} = U_{BC}q = 9 \times 10^{-4}$ J，

所以 $U_{BC} = \dfrac{W_{BC}}{q} = \dfrac{9 \times 10^{-4}}{-3 \times 10^{-6}} = -300$ V。

$U_{CA} = U_C - U_A = U_C - U_B + U_B - U_A = U_{CB} + U_{BA} = -U_{BC} - U_{AB} = 300 - 200 = 100$ V。

22. 解：

（1）两电荷之间的库仑力为 $F = \dfrac{kQ_1Q_2}{r^2} = \dfrac{kQ \times 5Q}{r^2} = \dfrac{5kQ^2}{r^2}$。

（2）先将 $-Q$ 与 $5Q$ 的两个小球接触，$Q_1' = Q_2' = \dfrac{Q_1 + Q_2}{2} = \dfrac{-Q + 5Q}{2} = \dfrac{4Q}{2} = 2Q$。

两个小球之间的距离变为 $r' = 2r$，

则此时的库仑力为 $F' = \dfrac{kQ_1'Q_2'}{r'^2} = \dfrac{k \times 2Q \times 2Q}{(2r)^2} = \dfrac{4kQ^2}{4r^2} = \dfrac{kQ^2}{r^2}$。

23. 解：

（1）欲使此杆在水平位置保持水平，

则需要保证 $\sum \vec{M} = 0$，即 A、B 两端所受的力矩 $\vec{M}_A + \vec{M}_B = 0$。

$\vec{r}_A \times \vec{F}_A = \vec{r}_B \times \vec{F}_B$，因此 $\vec{F}_A = \vec{F}_B$，

若 A 球带正电，则 B 球带负电，$F_B = mg + q_BE = 2mg - q_AE$，

此时满足 $q_A + q_B = \dfrac{mg}{E}$，杆将在水平位置保持水平，

所以 $q_A = q_B = \dfrac{mg}{2E}$。

（2）以 O 点为转动中心，此装置的转动惯量 $I = I_A + I_B = 2m \cdot \left(\dfrac{L}{2}\right)^2 +$

$$m \cdot \left(\frac{L}{2}\right)^2 = \frac{3}{4}mL^2。$$

从水平位置释放至棒转至竖直位置的过程中，

若 A 带正电，合外力做功 $W_合 = W_G + W_电 = +2m \cdot \frac{L}{2} - m \cdot \frac{L}{2} - E \cdot \frac{L}{2} \cdot$

$$q_A = \frac{mL - ELq_A}{2},$$

$$\Delta E_K = \frac{1}{2}I\omega^2 - 0 = W_合,$$

$$\omega = 2\sqrt{\frac{m - Eq_A}{3mL}},$$

$$v_A = \omega \cdot \frac{L}{2} = \sqrt{\frac{(m - Eq_A)L}{3m}}。$$

若 A 带负电，合外力做功 $W_合 = W_G + W_电 = +2m \cdot \frac{L}{2} - m \cdot \frac{L}{2} + E \cdot \frac{L}{2} \cdot$

$$q_A = \frac{mL + ELq_A}{2},$$

$$\Delta E_K = \frac{1}{2}I\omega^2 - 0 = W_合,$$

$$\omega = 2\sqrt{\frac{m + Eq_A}{3mL}},$$

$$v_A = \omega \cdot \frac{L}{2} = \sqrt{\frac{(m + Eq_A)L}{3m}}。$$

24. 解：

由图 b 可知：

$0 \sim 2$ s，$E_1 = 3 \times 10^4$ N/C，电场力 $F_1 = E_1Q = 3 \times 10^4 \times 1 \times 10^{-4} = 3$ N，

加速度 $a_1 = \frac{F_1}{m} = \frac{3}{2} = 1.5$ m/s^2。

$2 \sim 4$ s，$E_2 = 2 \times 10^4$ N/C，电场力 $F_2 = E_2Q = 2 \times 10^4 \times 1 \times 10^{-4} = 2$ N，

加速度 $a_2 = \frac{F_2}{m} = \frac{2}{2} = 1$ m/s^2。

$v_0 = 0$，$S_{0-1} = v_0 t + \dfrac{1}{2} a_1 t^2 = 0 + \dfrac{1}{2} \times 1.5 \times 1^2 = 0.75$ m，$v_1 = v_0 + a_1 t = 0 +$

$1.5 \times 1 = 1.5$ m/s。

$S_{1-2} = v_1 t + \dfrac{1}{2} a_2 t^2 = 1.5 \times 1 + \dfrac{1}{2} \times 2 \times 1^2 = 2.5$ m，$v_2 = v_1 + a_2 t = 1.5 + 2 \times$

$1 = 3.5$ m/s。

（2）

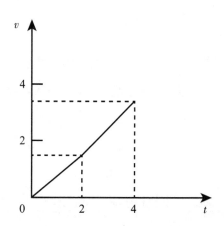

25. 解：（1）因为 $Q = -2 \times 10^{-5}$ C，$F_{电} = 0.8$ N，

所以 $E = \dfrac{F_{电}}{Q} = \dfrac{0.8}{2 \times 10^{-5}} = 4 \times 10^4$ N/C。

因为此物体带负电，且受到的电场力水平向右，

所以电场强度的方向水平向左。

（2）对该物体进行受力分析可得：

$f = \mu f_N = 0.25 \times 0.04 \times 10 = 0.1$ N，方向水平向右，

所以 $F_{合} = f + F_{电} = 0.1 + 0.8 = 0.9$ N，

$a = \dfrac{F_{合}}{m} = \dfrac{0.9}{0.04} = 22.5$ m/s^2，

所以物块做匀减速直线运动。

其向右减速到 0 时的位移为 $x = \dfrac{0 - v_0^2}{2a} = \dfrac{0 - 9}{-45} = 0.2$ m，

以物体刚运动时为初始时刻，又返回为末时刻，

由动能定理可知，$E_{Kt} - E_{K0} = -2umgx$，

$E_{Kt} = 0.14$ J，

$v_t = \sqrt{7}$ m/s。

26. 解：

（1）由题可知，$q = +3 \times 10^{-6}$ C，

将该电荷由 A 移到 B，电场力做功 $W_{AB} = U_{AB} \times q = +6 \times 10^{-4}$ J，

所以 $U_{AB} = \dfrac{W_{AB}}{q} = \dfrac{+6 \times 10^{-4}}{+3 \times 10^{-6}} = 200$ V。

（2）由于 $U_{BC} = 300$ V，

所以 $W_{BC} = U_{BC} \times q = 300 \times 3 \times 10^{-6} = +9 \times 10^{-4}$ J，

即将该电荷从 B 移到 C，需要做正功，做功的大小为 9×10^{-4} J。

27. 解：

（1）由题已知，$q_1 = -9 \times 10^{-6}$ C，$q_2 = -3.6 \times 10^{-5}$ C，

两电荷之间的距离为 $d = 5$ cm $= 5 \times 10^{-2}$ m。

由于两电荷均为负电荷，即同种电荷，

所以两电荷之间是相互排斥的。

两电荷之间的库仑力为 $F = \dfrac{kq_1q_2}{d^2} = \dfrac{9 \times 10^{-9} \times 9 \times 10^{-6} \times 3.6 \times 10^{-5}}{(6 \times 10^{-2})^2} =$

8.1×10^{-16} N。

（2）因为每一个电荷均处于平衡态，且 q_1、q_2 均为负电荷，

所以 q_3 应为正电荷，且 q_3 处于 q_1q_2 的线段上，距离 q_1 2 cm，距离 q_2 4 cm。

又因为 q_1 所受静电力的合力为 0，

所以 q_3 对 q_1 的静电力大小等于 q_2 对 q_1 的静电力大小，

即 $F_{31} = F_{21}$

$\dfrac{kq_1q_3}{(2 \times 10^{-2})^2} = \dfrac{kq_2q_1}{(6 \times 10^{-2})^2}$

所以 $q_3 = 4 \times 10^{-6}$ C。

28. 解：（1）在 A、B 处的两电荷之间的库仑力为 $F = \dfrac{kQ_1Q_2}{d^2} = \dfrac{k \cdot 2Q \cdot Q}{(2r)^2} =$

$\dfrac{kQ^2}{2r^2}$

（2）已知 A 电荷对 B 电荷的库仑力水平向左，如果使 B 电荷的合力为零，则 C 电荷对 B 电荷的库仑力水平向右，因此 C 电荷为正电荷。

$$F_{AB} = F_{CB}$$

$$\frac{kQ_A Q_B}{d_{AB}^2} = \frac{kQ_C Q_B}{d_{CB}^2}$$

$$\frac{k \cdot 2Q \cdot Q}{(2r)^2} = \frac{k \cdot Q_C \cdot Q}{r^2}$$

$$q_C = \frac{Q}{2}$$

四、 自测题

（一）基础检测

1. 电荷分为两种：_____ 和 _____。

2. 同种电荷相互 _____，异种电荷相互 _____。

3. 库仑定律的公式是 _____。

4. 电场线越密集，电场强度越 _____；电场线越稀疏，电场强度越 _____。沿着电场线的方向，电势逐渐 _____。

5. 正电荷受到的电场力方向与电场强度方向 _____，负电荷受到的电场力方向与电场强度方向 _____。

（二）选择题

1. 两个点电荷相距为 d，相互作用力的大小为 F。改变两个点电荷之间的距离，则当相互作用力的大小为 $16F$ 时，两个点电荷之间的距离为（　　）。

　　A. $\frac{1}{4}d$ 　　　　　B. $\frac{1}{2}d$ 　　　　　C. $2d$ 　　　　　D. $4d$

2. 真空中有两个点电荷，$Q_1 = +4Q$，$Q_2 = -2Q$，相距为 d。现将两个电荷充分接触后，又放回原来的位置，则此时两电荷之间的相互作用力为（   ）。

A. $\dfrac{8kQ^2}{d^2}$ B. $\dfrac{kQ^2}{d^2}$ C. $\dfrac{2kQ^2}{d^2}$ D. $\dfrac{kQ^2}{4d^2}$

3. 电场线分布如图所示，电场中 A、B 两点的电场强度大小分别为 E_A、E_B，电势分别为 φ_A、φ_B，则（   ）。

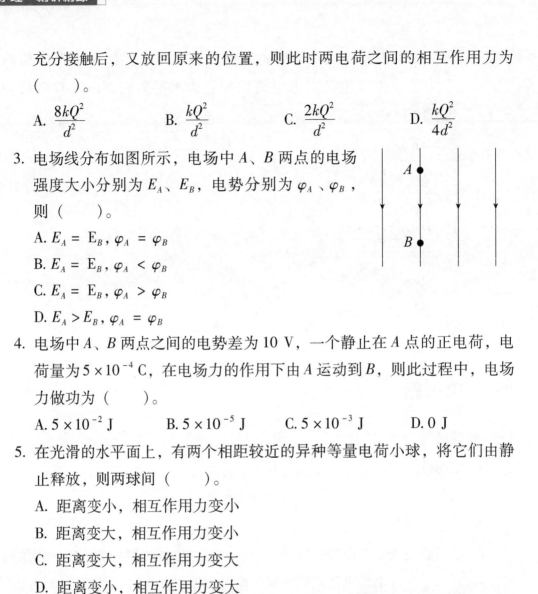

A. $E_A = E_B$，$\varphi_A = \varphi_B$

B. $E_A = E_B$，$\varphi_A < \varphi_B$

C. $E_A = E_B$，$\varphi_A > \varphi_B$

D. $E_A > E_B$，$\varphi_A = \varphi_B$

4. 电场中 A、B 两点之间的电势差为 10 V，一个静止在 A 点的正电荷，电荷量为 5×10^{-4} C，在电场力的作用下由 A 运动到 B，则此过程中，电场力做功为（   ）。

A. 5×10^{-2} J   B. 5×10^{-5} J   C. 5×10^{-3} J   D. 0 J

5. 在光滑的水平面上，有两个相距较近的异种等量电荷小球，将它们由静止释放，则两球间（   ）。

A. 距离变小，相互作用力变小

B. 距离变大，相互作用力变小

C. 距离变大，相互作用力变大

D. 距离变小，相互作用力变大

6. 在匀强电场中存在 A、B、C 三点，已知 A、B 两点之间的电势差为 10 V，B、C 两点之间的电势差为 -20 V，则 A、C 两点之间的电势差为（   ）。

A. -30 V   B. $+10$ V   C. $+30$ V   D. -10 V

7. 两个点电荷相距为 d，相互作用力大小为 F。若将一个电荷的电荷量增加为原来的 3 倍，另一个电荷的电荷量减小为原来的 $\dfrac{1}{3}$，两个电荷之间的距离不变，则它们之间的相互作用力大小变为（   ）。

A. $9F$ B. $3F$ C. F D. 0

（三）填空题

1. 现有两个大小完全相同的金属小球，一个带电量为 $Q_1 = 5 \times 10^{-4}$ C，另一个带电量为 $Q_2 = -1 \times 10^{-4}$ C，将两个小球充分接触后再分开后，每一个小球带电量为_____C。

2. 现有两个大小完全相同的金属小球 A 与 B，小球 A 带正电荷，带电量为 Q，另一个小球 B 带不同种电荷，带电量为 A 的 7 倍，充分接触后再分开，则每一个小球带电量为_____。

3. 已知真空中有两个点电荷，电荷量分别为 $Q_1 = 5 \times 10^{-4}$ C，$Q_2 = 3 \times 10^{-4}$ C，两个电荷之间的距离为 5 cm，则两个小球之间的库仑力为_____N。（已知静电力常量 $k = 9 \times 10^9$ N·m²/C²）

4. 现有一个匀强电场，其电场强度大小为 5×10^3 V/m，一个电荷量为 4×10^{-6} C 的点电荷在这个电场中受到的电场力大小为_____N。

5. 现有一个电荷量为 4×10^{-6} C 的正电荷，则距离这个电荷 2 cm 的地方的电场强度大小为_____N/C。

6. 两个相距为 d 的点电荷 q_1 和 q_2，相互作用力大小为 F。若减小两个电荷之间的距离到原来的 $\frac{1}{3}$，再将两个电荷的电荷量均增大到原来的 3 倍，则两个电荷之间的相互作用力的大小变为_____。

7. 固定在 A、B 两点的点电荷带有同种等量的电荷，A、B 连线的中点为 O 点，则 O 点的电场强度大小为_____N/C。若将一电荷量为 5×10^{-3} C 的正电荷放在 O 点，其受到的电场力为_____N。

8. 一个带负电的点电荷，电荷量为 -2×10^{-3} C，从电场中 A 点移动到 B 点，克服电场力做功为 4×10^{-4} J，接着将这个电荷从 B 点移动到 C 点，电场力做正功为 8×10^{-4} J，则 A、B 之间的电势差为_____V，B、C 之间的电势差为_____V，A、C 之间的电势差为_____V。

（四）计算题

1. 两个分别带有电荷量为 $+2Q$、$+8Q$ 的金属小球（均可视为点电荷），置于相距

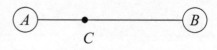

为 r 的 A、B 两处。如图所示，C 是 A、B 连线上的一点，求：

（1）求两个小球之间的相互作用力的大小。

（2）若在 C 处放置一电荷量为 $-q$ 的金属小球，可使 A、B、C 三个小球均处于平衡状态，此时 A、C 之间的距离 x 是多少。

2. 如图所示，在水平桌面上有一水平向右、大小为 3×10^3 V/m 的匀强电场。将一个质量 $m = 5$ kg 的小物体放置于桌面上的一点，其带电量为 $+2 \times 10^{-3}$ C。已知物体与桌面之间的滑动摩擦因数为 0.1。静止释放该物体后，物体向某一方向开始运动，求：

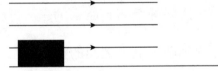

（1）物体受到的电场力大小与方向。

（2）物体受到的摩擦力大小与方向。

（3）物体 3 s 时的速度以及 3 s 内的位移。

（4）由静止释放后，5 s 内电场力、合外力对物体做的功分别为多少。

第七章　直流电路

一、基础知识

第一节　电路与欧姆定律

1. 基础知识

（1）电流：通过导体横截面的电荷量 q 跟通过这些电荷量所用的时间 t 的比值，叫作电流强度，简称电流。

$$I = \frac{q}{t} \begin{cases} I\text{：电流，单位 A} \\ q\text{：电荷量，单位 C} \\ t\text{：时间，单位 s} \end{cases}$$

（2）欧姆定律：导体中的电流 I 与导体两端的电势差 U 成正比，跟导体的电阻 R 成反比。

$$I = \frac{U}{R} \begin{cases} U\text{：电势差，单位 V} \\ R\text{：电阻，单位 } \Omega \end{cases}$$

（3）电阻定律：导体的电阻 R 跟它的长度 l 成正比，跟它的横截面积 S 成反比。

$$R = \frac{\rho l}{S} \begin{cases} \rho\text{：电阻率，单位 } \Omega \cdot m \\ l\text{：导体长度，单位 m} \\ S\text{：横截面积，单位 m}^2 \end{cases}$$

（4）电功：电流通过一段电路时，自由电荷在电场力作用下发生定向移动，电场力对自由电荷做功。

$$W = UIt \begin{cases} U：电势差，单位 \text{ V} \\ I：电流，单位 \text{ A} \\ t：时间，单位 \text{ s} \end{cases}$$

（5）热量：电场力在电路中所做的功 W 等于电流通过这段电路时所发的热量 Q。

$$Q = W = UIt$$

（6）电功率：单位时间内电流所做的功。

$$P = UI = I^2 R = \frac{U^2}{R} \begin{cases} U：电势差，单位 \text{ V} \\ I：电流，单位 \text{ A} \\ P：功率，单位 \text{ W} \end{cases}$$

2. 例题

（1）一个金属导体两端的电流 $I = 0.5$ A，40 s 内通过的电荷量是_____C。

[答案]：20

[详解]：由于 $I = \dfrac{q}{t}$，所以通过的电荷量是 $q = It = 0.5 \times 40 = 20$ C。

（2）一个正常发光的灯泡，两端电压是 36 V，通过的电流是 3 A，那么灯泡的电阻是_____Ω。

[答案]：12

[详解]：由欧姆定律可以知道 $I = \dfrac{U}{R}$，所以 $R = \dfrac{U}{I} = 36 \div 3 = 12$ Ω。

*（3）将原来为 2 m 长的电阻丝，长度增加为原来的 2 倍，则该电阻丝的阻值为原来的_____倍。

[答案]：2

［详解］：由电阻定律 $R = \dfrac{\rho l}{S}$ 可知，电阻值 R 与长度 l 成正比，在其他条件不变的情况下，长度变为原来的 2 倍，阻值也变为原来的 2 倍。

（4）一台电动机的额定电压为 220 V，正常工作的电流为 10 A，电动机 1 min 做的功为_____。

［答案］：132 000 J

［详解］：$W = UIt$，所以 $W = 220 \times 10 \times 60 = 132\,000$ J。

（5）一台电动机的额定电压为 220 V，正常工作的电阻为 11 Ω，电动机的功率为_____W。

［答案］：4400

［详解］：$P = UI$，$U = IR$，所以 $P = U \cdot \dfrac{U}{R} = \dfrac{U^2}{R} = 220 \times 220 \div 11 = 4400$ W。

3. 练习题

（1）选择题

①便携式充电宝正在给手机电池充电，在此过程中，该充电宝相当于电路中的（　　）。

    A. 电源　　　　　　　　　B. 开关

    C. 导线　　　　　　　　　D. 用电器

②以下关于电阻的说法正确的是（　　）。

    A. 某导体两端所加的电压越大，这个导体的电阻就越大

    B. 电阻是导体对电流的阻碍作用，导体中没有电流时，导体就没有电阻

    C. 某导体中电流越小，这个导体的电阻就越大

    D. 无论导体中是否有电流，它总是有电阻的

③关于欧姆定律的公式，下列说法正确的是（　　）。

A. 根据 $R = \dfrac{U}{I}$，当 $U = 0$ 时，$R = 0$

B. 根据 $R = \dfrac{U}{I}$，当 U 增大时，R 增大

C. 根据 $R = \dfrac{U}{I}$，当 I 增大时，R 减小

D. 根据 $R = \dfrac{U}{I}$，对于同一段导体，I 与 U 成正比

④若电阻两端电压为 5 V 时，通过它的电流为 0.01 A，则该电阻的阻值为（　　）。

A. 5 Ω　　　　　B. 0.5 Ω　　　　　C. 500 Ω　　　　　D. 50 Ω

⑤把标有"12 V　6 W"的灯泡接在电压为 12 V 的电路中，则通过灯泡的电流为（　　）。

A. 0.25 A　　　　B. 0.5 A　　　　　C. 1 A　　　　　D. 2 A

⑥甲、乙两电阻分别接在电压比是 2∶1 的电路中，已知它们的电阻之比是 2∶3，则通过它们的电流之比是（　　）。

A. 1∶1　　　　B. 2∶1　　　　　C. 4∶3　　　　　D. 3∶1

（2）填空题

①一个正常发光的灯泡，它的电阻为 9 Ω，通过它的电流是 3 A，那么灯泡两端的电压是＿＿＿＿＿＿ V。

②一个正常发光的灯泡，两端电压是 12 V，通过的电流是 3 A，这时灯泡的功率是＿＿＿＿＿＿ W。

③一个电阻的阻值 $R = 20$ Ω，当通过它的电流 $I = 0.2$ A 时，电阻两端的电压 U 是＿＿＿＿＿＿ V。

第二节　串联电路　并联电路

1. 基础知识

（1）串联：把几个电阻或电学元件一个接一个地连接起来，这种连接方式叫作串联。

（2）并联：把几个电阻或电学元件并列地连接起来，这种连接方式叫作并联。

$$
直流电路
\begin{cases}
串联电路 &
\begin{cases}
U = U_1 + U_2 \\
I = I_1 = I_2 \\
R = R_1 + R_2
\end{cases} \\[2em]
并联电路 &
\begin{cases}
U = U_1 = U_2 \\
I = I_1 + I_2 \\
\dfrac{1}{R} = \dfrac{1}{R_1} + \dfrac{1}{R_2}
\end{cases}
\end{cases}
$$

2. 例题

两个阻值均为 $10\ \Omega$ 的电阻，它们串联与并联在一起的总电阻分别为_____Ω 与_____Ω。

[答案]：20；5

[详解]：串联电路的公式为 $R = R_1 + R_2 = 20\ \Omega$，并联电路的电阻公式为 $\dfrac{1}{R} = \dfrac{1}{R_1} + \dfrac{1}{R_2}$，$\dfrac{1}{R} = \dfrac{1}{5}$，所以 $R = 5\ \Omega$。

3. 练习题

（1）选择题

①将阻值为 40 Ω 的两个电阻串联，串联后阻值大小为（　　）。

   A. 60 Ω   B. 80 Ω   C. 20 Ω   D. 40 Ω

②以下四组并联电阻中，总电阻最小的一组是（　　）。

   A. 两个 10 Ω 的电阻并联

   B. 一个 5 Ω 和一个 15 Ω 的电阻并联

   C. 一个 12 Ω 和一个 8 Ω 的电阻并联

   D. 一个 20 Ω 和一个 1 Ω 的电阻并联

③将电阻 R_1、R_2 串联在电路中，已知 $R_1 = 3R_2$，总电压为 4 V，则 R_1 两端的电压为（　　）。

   A. 4 V   B. 3 V   C. 2 V   D. 1 V

④将阻值为 20 Ω 的两个电阻并联，并联后阻值大小为（　　）。

   A. 10 Ω   B. 80 Ω   C. 20 Ω   D. 40 Ω

⑤两个电阻的阻值分别为 $R_1 = 2$ Ω、$R_2 = 6$ Ω，将它们串联起来，接在电压 $U = 16$ V 的电路上，则 R_1 两端的电压是（　　）。

   A. 2 V   B. 3 V   C. 4 V   D. 9 V

⑥两个电阻的阻值分别为 $R_1 = 2$ Ω、$R_2 = 6$ Ω，将它们并联起来，接在电压 $U = 12$ V 的电路上，则 R_2 两端的电压是（　　）。

   A. 12 V   B. 3 V   C. 4 V   D. 6 V

⑦图为甲、乙两个电阻的电流随电压变化的图像，下列说法正确的是（　　）。

   A. 甲电阻的阻值比乙电阻的阻值大

   B. 将甲、乙并联在电路中，通过甲的电流大

   C. 将甲、乙串联在电路中，通过甲的电流大

   D. 将甲、乙串联在电路中，甲两端的电压大

（2）填空题

①当某导体两端电压是 3 V 时，通过它的电流是 0.2 A，该导体的电阻是 _____ Ω；当它两端电压为 0 时，该导体的电阻为 _____ Ω。

②当一导体两端的电压为 4 V 时，通过它的电流为 1 A，则该导体的电阻为 _____ Ω；当两端电压为 8 V 时，则该导体的电流为 _____ A；当两端电压为 0 V 时，则该导体的电阻为 _____ Ω。

③小明想得到 15 Ω 的电阻，可将一只 20 Ω 的电阻和一只 _____ Ω 的电阻并联。

④某小灯泡两端的电压为 2.5 V 时，通过的电流为 0.3 A，则小灯泡的电功率为 _____ W，此小灯泡在 5 min 内消耗的电能是 _____ J。

⑤把额定功率为 6 W 的灯泡接在电压为 3 V 的电路中正常发光，则此时通过灯泡的电流为 _____ A。

⑥有一种节日彩灯上串联着 20 只小灯泡，当将其接入电源时，电源插头处的电流为 200 mA，那么通过第 10 只彩灯的电流是 _____ A。

（3）计算题

①如图所示，R_1 的电阻为 5 Ω，闭合开关后，通过电阻 R_1 和 R_2 的电流分别为 0.6 A 和 0.3 A，求：

a. 电源电压。

b. 整个电路消耗的总功率。

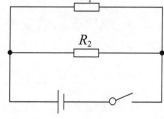

②如图所示，已知电源电压为 $U = 6$ V，电路中的电阻为 20 Ω，闭合开关后，求：

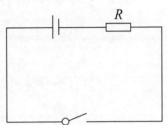

　　a. 电路中的电流是多少？

　　b. 电阻的电功率是多少？

　　c. 通电 10 min，消耗的电能是多少？

第三节　闭合电路的欧姆定律*

1. 基础知识

闭合电路的欧姆定律：$E = IR + Ir$，$U_{外} = IR$，$U_{内} = Ir$。

2. 例题

如图所示的理想电路中，电源电压恒定不变，当开关闭合时，下列说法正确的是（　　）。

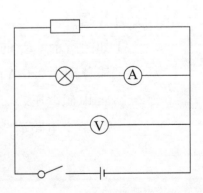

A. 电压表示数变小，电流表示数变大，灯泡变亮

B. 电压表示数不变，电流表示数变小，灯泡变暗

C. 电压表示数变大，电流表示数变大，灯泡变亮

D. 电压表示数不变，电流表示数不变，灯泡不变

　[答案]：B

[**详解**]：当小灯泡并联一个电阻时，会使总电阻变小，总电流变大。由于小灯泡电阻不变，电流变大，所以两端的电压也会变大。因此选 B。

二、 本章知识点结构图

直流电路

电流 $\begin{cases} \text{决定式：} I = \dfrac{q}{t} \\ \text{定义式：} I = \dfrac{U}{R} \\ \text{单位：} A \end{cases}$

电阻 $\begin{cases} \text{决定式：} R = \dfrac{\varrho l}{S} \\ \text{单位：} \Omega \end{cases}$

电功的公式 $\begin{cases} W = UIt \\ Q = W = UIt，Q \text{ 是产生的热量} \end{cases}$

电功率的公式：$P = UI = I^2 R = \dfrac{U^2}{R}$

串联电路的公式 $\begin{cases} U = U_1 + U_2 \\ I = I_1 = I_2 \\ R = R_1 + R_2 \end{cases}$

并联电路的公式 $\begin{cases} U = U_1 = U_2 \\ I = I_1 + I_2 \\ \dfrac{1}{R} = \dfrac{1}{R_1} + \dfrac{1}{R_2} \end{cases}$

闭合电路的欧姆定律：$E = IR + Ir$，$U_外 = IR$，$U_内 = Ir$

三、 书后习题详解

1. [答案]：B

   [详解]：电流的决定式为 $I = \dfrac{q}{t}$，定义式为 $I = \dfrac{U}{R}$。已知 $U = 220$ V，$R = 440\ \Omega$，可以求得 $I = \dfrac{U}{R} = 220 \div 440 = 0.5$ A。已知 $t = 180$ s，所以 $q = It = 0.5 \times 180 = 90$ C。

2. [答案]：B

   [详解]：因为是发热损失的功率，所以用公式 $P = I^2 R$，$I = 5$ A，$R = 1\ \Omega$，$P = 5^2 \times 1 = 25$ W。

3. [答案]：D

   [详解]：电阻串联的公式为 $R = R_1 + R_2$，并联电路的为 $\dfrac{1}{R} = \dfrac{1}{R_1} + \dfrac{1}{R_2}$，$R_2$ 与 R_3 并联后阻值为 16 Ω，再与 R_1 串联，总阻值为 $R = 16 + 10 = 26\ \Omega$。

4. [答案]：D

   [详解]：A 灯泡为 "36 V 0.2 A"，电阻为 $R_A = 180\ \Omega$；B 灯泡为 "36 V 0.1 A"，电阻为 $R_B = 360\ \Omega$，两灯泡串联后总电阻为 $R = 540\ \Omega$，电路中的电流变为 $I = \dfrac{U}{R} = 36 \div 540 = \dfrac{1}{15}$ A，因此 A、B 两灯泡的电流都会减小，电压公式为 $I = \dfrac{U}{R}$，U_A 与 U_B 分别为 $\dfrac{1}{15} \times 180 = 12$ V、$\dfrac{1}{15} \times 360 = 24$ V，B 灯泡两端的电压大。

5. [答案]：B

   [详解]：已知 $R_1 = 10\ \Omega$，两端的电压为 6 V，所以 $I_1 = 0.6$ A，R_2 和 R_3 串联在电路中，电流也是 0.6 A，即 $I_2 = I_3 = 0.6$ A。所以，R_2 两端的电压是 12 V，所以 $R_2 = 20\ \Omega$；$R_3 = 5\ \Omega$，所以 $U_3 = 3$ V。三个电阻的总阻值为 21 V，$P = UI = 3 \times 0.6 = 1.8$ W。综上，选项 B 正确。

6. [答案]：B

   [详解]：$I = \dfrac{U}{R}$，$R = 100 \div 2 = 50\ \Omega$。

7. [答案]：C

[详解]：总电压 $U = 6$ V，$I = 0.5$ A，所以总电阻 $R = 12$ Ω，已知 $R_1 = 10$ Ω，所以 $R_2 = 2$ Ω。

8. [答案]：B

[详解]：$I = \dfrac{U}{R} = 5 \div 10 = 0.5$ A。

9. [答案]：A

[详解]：两个电阻串联，总电阻等于两者之和，为 $2R$。

10. [答案]：B

[详解]：当开关闭合，总电路由于并联电阻，总电阻会减小，总电流会变大，灯泡会变亮。由于小灯泡的电阻不变，电流变大，所以电压也会变大。

11. [答案]：D

[详解]：$I = \dfrac{U}{R}$，$U = 0.1 \times 20 = 2$ V。

12. [答案]：C

[详解]：两电阻串联总电阻为 40 Ω，如果并联，最大时两电阻分别为 20 Ω。此时并联最大为 10 Ω，因此，只有选项 C 比 10 Ω 小，符合题意。

13. [答案]：D

[详解]：1 A = 1000 mA，$I = \dfrac{U}{R}$，$R = 5 \div 0.005 = 1000$ Ω。

14. [答案]：0.2 A

[详解]：灯泡的电压为 12 V，功率为 5 W，所以灯泡的电阻为 $R = \dfrac{U^2}{P} = 144 \div 5 \approx 29$ Ω，当灯泡的电压为 6 V 时，电流变为 $I = \dfrac{U}{R} = 6 \div 29 \approx 0.2$ A。

15. [答案]：12 Ω

[详解]：$I = \dfrac{U}{R}$，$R = 36 \div 3 = 12$ Ω。

四、 自测题

(一) 选择题

1. 一个阻值为 10 Ω 的金属导体两端的电压 $U = 5$ V，4 s 内通过的电荷量是（   ）。

   A. 0.8 C   B. 0.5 C   C. 2 C   D. 4 C

2. 把标有"12 V　6 W"的灯泡接在电压为 6 V 的电路中，则通过灯泡的电流为（   ）。

   A. 0.25 A   B. 0.5 A   C. 1 A   D. 2 A

*3. 一电阻丝，横截面积变为原来的 2 倍，长度缩短为原来的一半，则该电阻丝的阻值为原来的（   ）倍。

   A. 0.25   B. 0.5   C. 1   D. 2

4. 一台电动机的额定电压为 220 V，电阻为 10 Ω，当通过的电流为 10 A 时，1 min 电动机因发热损失的功率为（   ）。

   A. 2200 W   B. 1000 W   C. 4840 W   D. 6000 W

*5. 在如图所示的理想电路中，"12 V　6 W"的灯泡并联一个 12 Ω 的电阻，电源电压恒定不变，当开关闭合时，下列说法正确的是（   ）。

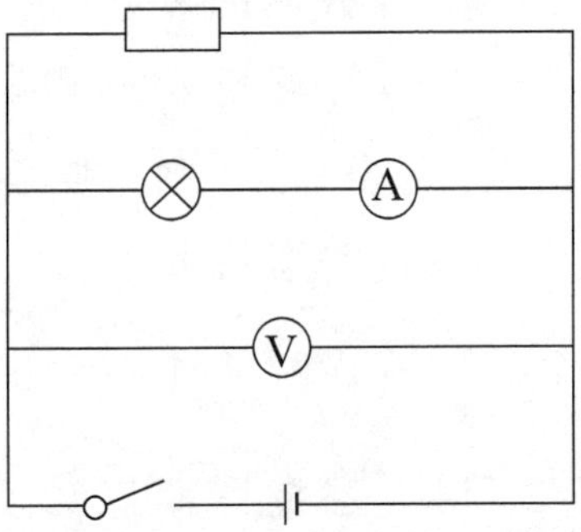

   A. 电路的总电阻为 36 Ω

   B. 电流示数为 1.5 A

   C. 小灯泡两端电压小于 12 V

   D. 电阻两端的电流为 1 A

(二) 填空题

1. 一个正常发光灯泡，两端电压是 24 V，通过的电流是 3 A，那么灯泡的电阻是 _____ Ω。

2. 一个阻值为 10 Ω 的电阻丝，通过的电流是 3 A，那么电阻丝的电压是 _____ V。

3. 一个电阻 $R_1 = 5$ Ω 的小电灯，它的工作电流为 $I = 0.5$ A，要将它接入 $U = 6$ V的电压中，需要串联电阻的阻值 R_2 为_____Ω。

4. 一台发动机，额定电压是 100 V，电阻是 1 Ω，正常工作时，通过电流为 5 A，则电动机因发热损失的功率为_____W。

5. 某电路中，电阻大小为 10 Ω，该电阻上的电压值为 5 V，则流过该电阻的电流是_____A。

6. 一个电阻的阻值 $R = 20$ Ω，当通过它的电流 $I = 0.2$ A 时，电阻两端的电压 U 是_____V。

7. 有两个电阻，阻值都是 R，现将这两个电阻串联接入电路，则串联后的总电阻为_____Ω。

8. 有两个电阻，阻值都是 R，现将这两个电阻并联接入电路，则并联后的总电阻值为_____Ω。

第八章 磁 场

一、基础知识

第一节 磁场 安培定律

1. 基础知识

（1）直流电流安培定律判定：用右手握住导线，让伸直的大拇指所指的方向跟电流的方向一致，弯曲的四指所指的方向就是磁感线的环绕方向。

（2）环形电流安培定律判定：让右手弯曲的四指和环形电流的方向一致，伸直的大拇指所指的方向就是环形导线中心轴线上磁感线的方向。

（3）通电螺线管的电流方向安培定律判定：用右手握住螺线管，让弯曲的四指所指的方向跟电流的方向一致，大拇指所指的方向就是螺线管内部磁感线的方向，也就是说，大拇指指向通电螺线管的北极。

2. 例题

如图所示，带正电的金属环绕轴 OO' 以角速度 ω 匀速旋转，在环左侧轴线上的小磁针最后平衡的位置是（ ）。

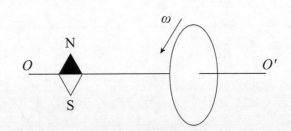

A. N 极竖直向上　　　　　　　　　B. N 极竖直向下

C. N 极沿轴线向左　　　　　　　　D. N 极沿轴线向右

[**答案**]：D

[**详解**]：带正电的金属环旋转，可形成环形电流，进而产生磁场，由安培定律知，在磁针处磁场的方向沿 OO' 轴向右，由于磁针 N 极指向为磁场方向，所以应选 D。

3. 练习题

选择题

①下列用字母表示磁感应强度的单位正确的是（　　）。

　A. Wb　　　　　　B. T　　　　　　C. A　　　　　　D. C

②磁铁有两极，分别为 S 极和 N 极，当两块磁铁的 N 极相互靠近时，它们之间的相互作用力（　　）。

　A. 相互吸引　　　　　　　　　　B. 相互排斥

　C. 没有作用力　　　　　　　　　D. 都有可能

③指南针古代也叫"司南"，是中国的四大发明之一，如图所示，司南形似勺子，勺柄是司南的南极，则司南静止时，勺柄所指的方向是（　　）。

　A. 南方　　　　　　B. 北方　　　　　　C. 西方　　　　　　D. 东方

第二节　磁感应强度　左手定则

1. 基础知识

（1）磁感应强度：在磁场中垂直于磁场方向的通电导线，所受的安培力 F 跟电流 I 和导线长度的 L 的乘积 IL 的比值叫作磁感应强度。

$$\text{安培力：} F = BIL \qquad \begin{cases} F\text{：安培力} \\ B\text{：磁感应强度} \\ I\text{：电流} \\ L\text{：导线长度} \end{cases}$$

$$\text{磁感应强度 } B = \frac{F}{IL}$$

(2) 左手定则：伸出左手，使大拇指跟其余四个手指垂直，并且都跟手掌在一个平面内，把手放入磁场中，让磁感线垂直穿入手心，并使伸长的四指指向电流的方向，那么，大拇指所指的方向就是通电导线在磁场中所受安培力的方向。

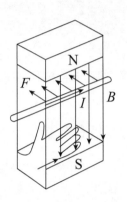

2. 例题

下列有关磁感应强度的说法正确的是（   ）。

A. 磁感应强度是用来表示磁场强弱的物理量

B. 若有一小段通电导体在某点不受磁场力的作用，则该点的磁感应强度一定为零

C. 若有一小段长为 L、通以电流为 I 的导体，在磁场中某处受到的磁场力为 F，则该处磁感应强度的大小一定是 $\dfrac{F}{IL}$

D. 由定义式 $B = \dfrac{F}{IL}$ 可知，电流 I 越大，导线 L 越长，某点的磁感应强度就越小

[答案]：A

[详解]：磁感应强度的定义式 $B = \dfrac{F}{IL}$ 是利用比值法来定义的，但不能说 B

与 F 成正比，与 IL 成反比。磁场中某点的磁感应强度只由磁场本身决定，与通电导线的受力无关，与放入检验电流的大小、方向以及导线长度也无关。另一方面，通电导线在磁场中的受力不仅与磁感应强度有关，还跟导线通过电流的大小、长度、位置取向有关。

3. 练习题

（1）选择题

①一根长为 0.2 m 的通电导线，导线中的电流为 1 A，垂直放在匀强磁场中，受到的磁场力大小是 0.2 N，则磁场的磁感应强度为（　　）。

　　A. 0 T　　　　　　B. 0.2 T　　　　　C. 0.5 T　　　　　D. 1 T

②磁感应强度的单位符号是 T，如果用国际单位制基本单位的符号来表示，正确的是（　　）。

　　A. N/（A·m）　　　　　　　　B. A

　　C. Wb/m^2　　　　　　　　　D. kg/（A·s^2）

③一小段长为 L 的导线，通过电流为 I，垂直放在磁场中某处受力 F，则该处磁感应强度的大小为 $B = \dfrac{F}{IL}$，下列说法正确的是（　　）。

　　A. B 随着 I 的减小而增大

　　B. B 随着 L 的减小而增大

　　C. B 随着 F 的增大而增大

　　D. B 跟 F、I、L 的变化无关

④一根长度 $L = 5$ cm 的直导线，通过的电流 $I = 1$ A，垂直于磁场放入磁场中 P 处，受到的磁场力 $F = 0.1$ N。现将该通电导线从磁场中撤走，则 P 处的磁感应强度为（　　）。

　　A. 0　　　　　B. 0.02 T　　　　　C. 0.5 T　　　　　D. 2 T

⑤有一小段通电导线，长为 1 cm，电流为 5 A，把它置于磁场中某位置，受到的磁场力为 0.1 N，则该点的磁感应强度 B 一定是（　　）。

　　A. $B = 2$ T　　　　　　　　　B. $B \leqslant 2$ T

　　C. $B \geqslant 2$ T　　　　　　　　　D. 以上情况都有可能

（2）填空题

①磁场中的一根导线长度 $L = 0.5$ m，通过的电流 $I = 2$ A，若磁感应强度 $B = 0.5$ T，则这根导线受到的最大磁场力大小为_____ N。

②把一根通电直导线放在匀强磁场中，当导线与磁场方向夹角为_____时，受到的磁场力最大。

③一根长度为 0.4 m 的导线放在匀强磁场中，当导线中通过 1 A 的电流时，受到的最大磁场力是 0.06 N，则磁感应强度的大小为_____ T。

④小磁针静止时_____极所指的方向规定为该点的磁感应强度的方向。

⑤一根长 20 cm 的通电导线放在磁感应强度为 0.4 T 的匀强磁场中，导线与磁场方向垂直，若它受到的磁场力为 4×10^{-3} N，则导线中的电流是_____ A。若导线中的电流增大为 0.1 A，则磁感应强度为_____。

（3）计算题

①在匀强磁场中，一根长 $L = 0.4$ m 的通电导线中的电流为 20 A，这条导线与磁场方向垂直时，所受的磁场力为 0.016 N。求磁感应强度的大小 B。

②在磁感应强度处处相等的磁场中放一与磁场方向垂直的通电直导线，通入的电流是 2.5 A，导线长 10 cm，它受到的磁场力为 5×10^{-2} N。求：

a. 这个磁场的磁感应强度是多大？

b. 如果把通电导线中的电流增大到 5 A，该磁场的磁感应强度是多大？

第三节　带电粒子在磁场中的运动 *

1. 基础知识

洛伦兹力的方向：伸开左手，使大拇指跟其余四个手指垂直，且处于同一个平面内，把手放入磁场中，让磁感线垂直穿入手心，四指指向正电荷运动的方向，那么，拇指所指的方向就是电荷所受洛伦兹力的方向。

洛伦兹力：$f = qvB\sin\theta$

f：洛伦兹力

q：电荷量

v：电荷速度

B：磁感应强度

θ：速度与磁感线方向的夹角

2. 例题

一带电粒子在电场中只受电场力作用时，它不可能出现的运动状态是（　　）。

A. 匀速直线运动 　　　　B. 匀加速直线运动

C. 匀变速曲线运动 　　　D. 匀速圆周运动

[**答案**]：A

[**详解**]：因为粒子只受到电场力的作用，所以不可能做匀速直线运动。

二、 本章知识点结构图

磁场的产生：磁体或电流在其周围会产生磁场

磁场的描述
- 磁感线：可以表示磁场的强弱和方向，磁感线密则磁场强
- 磁感应强度 B
  - 磁场中垂直于磁场方向的通电导线所受安培力 F 与导线电流 I 和长度 L 的乘积 IL 的比值叫作磁感应强度
  - 公式： $B = \dfrac{F}{IL}$
  - 方向：即磁场方向，磁场中任一点小磁针北极受力方向，就是小磁针静止时北极所指方向
  - 单位：特斯拉，简称特，符号为 T；$1\ T = 1\ N/(A \cdot m)$

磁场

磁场的作用
- 对磁极的作用：N 极受力方向沿磁场方向，而 S 极受力方向与磁场方向相反
- 对电流的作用（即安培力）
  - 大小： $F = BIL$ （B 垂直 L）
  - 方向：左手定则
  - 注意：通电直导线与 B 不垂直，夹角为 θ 时，$F = ILB = ILB\sin\theta$

1. 通电导线在磁场中受到的力——安培力。

   （1）当电流与磁场方向垂直时：$F = BIL$。

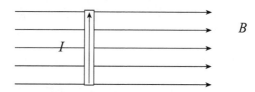

   （2）当电流与磁场方向平行时：$F = 0$。

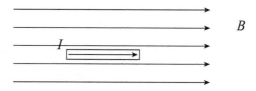

   （3）当电流与磁场方向夹角为 θ 时：$F = BIL\sin\theta$。

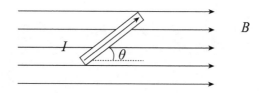

2. 安培力方向用左手定则判断。

三、 书后习题详解

1. [**答案**]：D

   [**详解**]：磁感线是理想化的物理模型，实际上不存在，选项 A 错误；磁感线是闭合的曲线，没有起点，也没有终点，选项 B 错误；小磁针北极在某点所受的磁力方向跟该点磁感线的方向相同，为磁场的方向，与磁感线的切线方向一致，选项 C 错误；磁感线上某点的切线方向表示该点磁感应强度的方向，选项 D 正确。

2. [**答案**]：C

   [**详解**]：用左手定则可以判断安培力的方向。安培力方向向下，选项 A 错误；电流方向与磁场方向平行，安培力为 0，选项 B 错误；安培力方向向下，选项 C 正确；安培力方向向外，选项 D 错误。

3. [答案]: D

[详解]: 用左手定则可以判断安培力的方向。电流方向与磁场方向平行，安培力为0，选项A错误；安培力方向向里，选项B错误；安培力方向向右，选项C错误；安培力方向向外，选项D正确。

4. [答案]: C

[详解]: 磁感应强度的单位是特斯拉，符号为T。

5. [答案]: 0.06

[详解]: 由安培力的计算公式 $F = BIL$ 可知，$F = 0.1 \times 3 \times 0.2 = 0.06$ N。

6. [答案]: 0.1

[详解]: 由安培力的计算公式 $F = BIL\sin\theta$ 可知，$F = 0.4 \times 0.5 \times 1 \times \sin30° = 0.1$ N。

7. [答案]: 0.2；水平向左

[详解]: 由安培力的计算公式 $F = BIL$ 可知，$F = 0.2 \times 0.5 \times 2 = 0.2$ N，方向水平向左。

8. [答案]: 4

[详解]: 由安培力的计算公式 $F = BIL$ 可知，$I = \dfrac{F}{BL} = 0.6 \div (0.5 \times 0.3) = 4$ A。

9. 解:

由 $F = BIL$ 可知，$B = \dfrac{F}{IL} = 0.06 \div (3 \times 0.2) = 0.1$ T。

如果导线长度与电流均减小一半，则 $L = 0.1$ m，$I = 1.5$ A，

$B = \dfrac{F}{IL} = 0.06 \div (1.5 \times 0.1) = 0.4$ T。

故此时 B 的大小为 0.4 T。

四、 自测题

(一)基础检测

通电导线在磁场中受到的力叫作安培力，当电流与磁场方向垂直时，安培力的公式可以表达为_____。

(二)填空题

1. 如图所示，长为 10 cm 的导线受到的安培力大小为 0.5 N，匀强磁场的磁感应强度 $B = 2$ T，则流过导线的电流为_____A。

2. 如图所示，水平向右的匀强磁场的磁感应强度 $B = 0.5$ T，放在该磁场中一段通电直导线，长度 $L = 0.5$ m，而且导线与水平方向的夹角为 $\theta = 30°$，导线中的电流 $I = 0.4$ A，则此导线所受安培力的大小为_____N。

3. 匀强磁场中有一根导线，长 0.2 m，磁感应强度为 0.2 T，当该导线通过 2 A 的电流时，受到的最大磁场力是_____。

4. 一根导线长 0.3 m，通以恒定的电流，放在磁感应强度为 0.5 T 的匀强磁场中，该导线受到的安培力最大值是 0.6 N，则通过导线的电流大小是_____。

5. 磁感应强度 B 的单位是_____，符号是_____。

6. 在一个匀强磁场中，有一段 0.5 m 的直导线，它与磁场方向垂直，当通过的电流为 0.2 A 时，受到安培力的大小为 4×10^{-6} N，则磁感应强度为_____T。

第九章　电磁感应

一、基础知识

第一节　电磁感应定律

1. 基础知识

（1）磁通量：$\Phi = BS$，单位是韦伯，简称韦，用符号 Wb 表示，1 Wb = 1 T·m²。

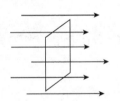 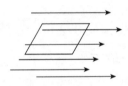 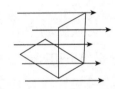

磁场与面垂直：　　　磁场与面平行：　　　磁场与面成任意角度：

$\Phi = BS$　　　　　$\Phi = 0$　　　　　　$\Phi = BS_{\perp} = BS\cos\theta$

（2）电磁感应现象

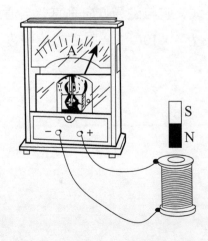 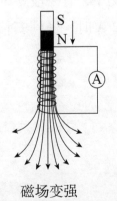 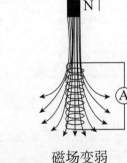

磁场变强　　　　　　磁场变弱

（3）感应电动势

法拉第电磁感应定律：电路中感应电动势的大小，跟穿过该电路的磁通量的变化率成正比。即线圈中的感应电动势：

$$E = \frac{n\Delta\Phi}{\Delta t} \begin{cases} E: \text{感应电动势} \\ n: \text{线圈匝数} \\ \Phi: \text{磁通量} \\ t: \text{时间} \end{cases}$$

＊导体切割磁感线产生感应电动势，可分为平动切割和转动切割，在有些情况下要考虑有效切割的问题。试计算下列几种情况下的感应电动势，并总结其特点及感应电动势的计算方法。

如下图，在磁感应强度为 B 的匀强磁场中，导体棒以速度 v 垂直切割磁感线时，感应电动势 $E = Blv$。

a   b

①公式仅适用于导体上各点以相同的速度切割匀强磁场的磁感线的情况。

②公式中的 B、v、l 要求互相两两垂直。当 $l \perp B$，$l \perp v$，而 v 与 B 成 θ 夹角时，导线切割磁感线的感应电动势大小为 $E = Blv\sin\theta$。

③适用于计算导体切割磁感线产生的感应电动势，当 v 为瞬时速度时，计算瞬时感应电动势；当 v 为平均速度时，计算平均电动势。

④若导体棒不是直的，$E = Blv\sin\theta$ 中的 l 为切割磁感线的导体棒的有效长度，如下页图中，导体棒的有效长度为 ab 的弦长。

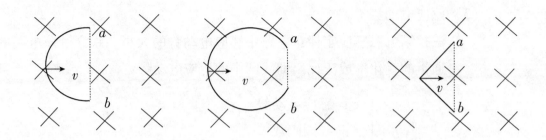

2. 例题

（1）将面积为 0.5 m^2 的线圈垂直于磁感线放在匀强磁场中，已知这个磁场的磁感应强度为 5 T，则穿过线圈平面的磁通量是_____Wb。

［答案］：2.5

［详解］：由磁通量公式 $\Phi = BS = 5 \times 0.5 = 2.5$ Wb。

*（2）如图所示，在无限长的直线电流的磁场中，有一个闭合的金属线框 abcd，线框平面与直导线在同一个平面内，要使线框中产生感应电流，以下错误的是（   ）。

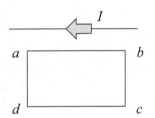

A. 增大导线中的电流

B. 线框水平向左平动

C. 线框竖直向下平动

D. 线框垂直纸面向外平动

［答案］：B

［详解］：增大导线中的电流，线框内任意一点的磁感应强度都增大，则穿过线圈的磁通量增大。离导线越远，磁感应强度越小；与导线距离相等的点，磁感应强度大小相等，则线框水平向左平动，磁通量不变。竖直向下平动，磁通量变小。垂直纸面向外平动，磁通量也变小。由感应电流产生的条件可知，选项 A、C、D 的方法可使线框中产生感应电流，选项 B 错误。

3. 练习题

（1）选择题

①下列用字母表示磁通量的单位正确的是（　　）。

  A. Wb   B. T   C. A   D. C

②如图所示，在磁感应强度 $B = 0.5$ T 的匀强磁场中，让导体 PQ 在 U 形导轨上以速度 $v = 10$ m/s 向右匀速滑动，两导轨间距离 $L = 0.8$ m，则产生的感应电动势的大小和 PQ 中的电流方向分别为（　　）。

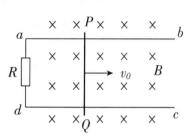

  A. 4 V，由 P 向 Q B. 0.4 V，由 Q 向 P

  C. 4 V，由 Q 向 P D. 0.4 V，由 P 向 Q

③关于感应电动势的大小，下列说法正确的是（　　）。

  A. 穿过线圈的磁通量 Φ 最大时，所产生的感应电动势就一定最大

  B. 穿过线圈的磁通量的变化量 $\Delta\Phi$ 增大时，所产生的感应电动势也增大

  C. 穿过线圈的磁通量 Φ 等于 0，所产生的感应电动势就一定为 0

  D. 穿过线圈的磁通量的变化率 $\dfrac{\Phi}{t}$ 越大，所产生的感应电动势就越大

④如图所示，匝数为 N、边长为 L 的正方形线圈一半置于匀强磁场中，磁场方向与线圈平面垂直，磁感应强度大小为 B，则穿过线圈的磁通量为（　　）。

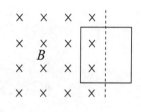

  A. BL^2 B. $\dfrac{1}{2}BL^2$ C. NBL^2 D. $\dfrac{1}{2}NBL^2$

⑤面积是 0.5 m² 的导线环，处于磁感应强度为 2.0×10^{-2} T 的匀强磁场中，环面与磁场垂直，穿过导线环的磁通量等于（　　）。

  A. 2.5×10^{-2} Wb   B. 1.0×10^{-2} Wb

  C. 1.5×10^{-2} Wb   D. 4.0×10^{-2} Wb

⑥下列物理量属于矢量的是（　　　　）。

　A. 磁通量　　　　　　　　　　B. 电动势

　C. 电流　　　　　　　　　　　D. 磁感应强度

⑦如图所示，边长为 L 的正方形线框放置在磁感应
强度为 B 的匀强磁场中，现让线框从图示位置绕
bc 边转过 $60°$ 时，线框中的磁通量为（　　　　）。

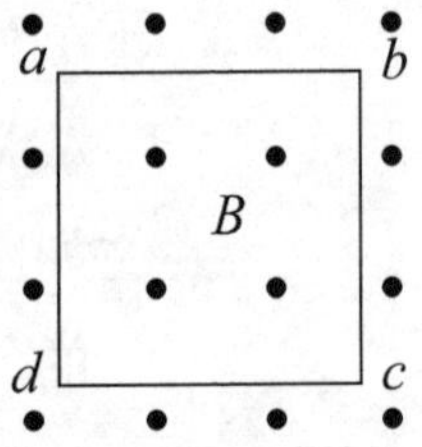

　A. $\Phi = \dfrac{1}{2}BL^2$　　　　　　　B. $\Phi = \dfrac{\sqrt{3}}{2}BL^2$

　C. $\Phi = BL^2$　　　　　　　　D. $\Phi = \sqrt{3}BL^2$

⑧在磁感应强度为 B 的匀强磁场内，放一面积为 S 的正方形线框。当
线框平面与磁场的磁感线平行时，穿过线框的磁通量为（　　　　）。

　A. 0　　　　B. $\dfrac{B}{S}$　　　　C. $\dfrac{S}{B}$　　　　D. BS

⑨如图所示，正方形线框 $abcd$ 的边长与匀强
磁场区域的宽度相等，在线框从图示位置
水平向右平移至 ad 边恰好穿出磁场的过
程中，穿过线框的磁通量（　　　　）。

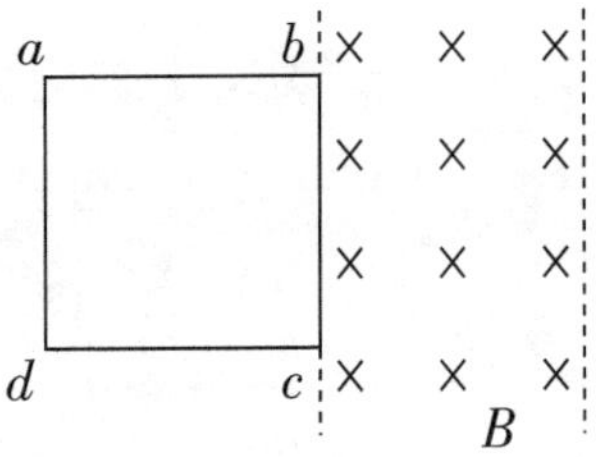

　A. 逐渐减小　　　　　　　　　B. 逐渐增大

　C. 先减小后增大　　　　　　　D. 先增大后减小

（2）填空题

①如图所示，单匝矩形线框平面与匀强磁场方向
垂直，穿过线框的磁通量为 Φ。若磁感应强度
变为原来的两倍，则磁通量变为_____。

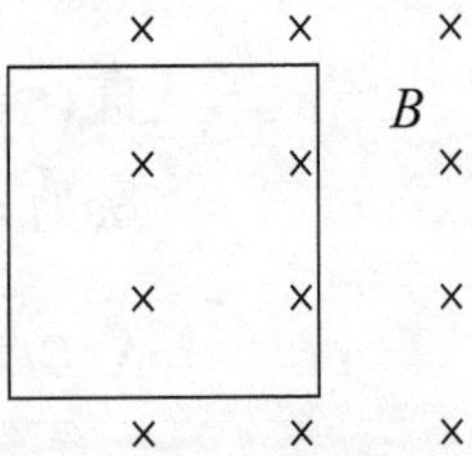

②一矩形线圈面积 $S = 10^{-2}\ \mathrm{m}^2$，它和匀强磁场方
向之间的夹角 $\theta_1 = 30°$，穿过线圈的磁通量 $\Phi = 1 \times 10^{-3}\ \mathrm{Wb}$，则磁场
的磁感应强度 $B = $_____；若线圈以一条边为轴转 $180°$，则穿过
线圈的磁通量的变化为_____；若线圈平面和磁场方向之间的
夹角变为 $\theta_2 = 0°$，则 $\Phi = $_____。

③面积 0.5 m² 的闭合导线环处于磁感应强度为 0.4 T 的匀强磁场中，当磁场与环面垂直时，穿过环面的磁通量是_____ Wb，当导线环转过 90°，环面与磁场平行时，穿过环面的磁通量为_____ Wb。

④面积为 5 cm² 的矩形导线圈处于磁感应强度大小为 0.02 T、方向水平的匀强磁场中，线圈平面与磁感线方向垂直，穿过该线圈的磁通量为_____ Wb。若以线圈 ab 边为轴，使线圈顺时针转动 90°，则在该转动过程中，穿过该线圈的磁通量_____（填"变大""变小""不变"或"先变大后变小"）。

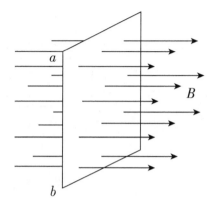

（3）计算题

①一边长为 10 cm 的正方形线圈放在匀强磁场中，当线圈平面与磁场方向成 30° 角时，若通过线圈的磁通量为 2.5 × 10⁻³ Wb，则该磁场的磁感应强度 B 为多少？

②如图甲所示，匀强磁场中有一矩形闭合线圈 $abcd$，线圈平面与磁场方向垂直，已知线圈的匝数 $N = 100$，边长 $ab = 1.0$ m，$bc = 0.5$ m，电阻 $r = 2\ \Omega$。磁感应强度 B 随时间变化的规律如图乙所示，取垂直纸面向里为磁场的正方向，求：

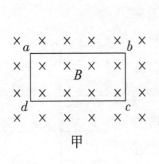

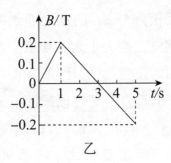

甲　　　　　　乙

a. 3 s 时线圈内感应电动势的大小。

b. 在 $1\sim 5$ s 内通过线圈的电荷量 q。

c. 在 $0.5\sim 5$ s 内线圈产生的焦耳热 Q。

③一边长为 10 cm 的正方形线圈放在匀强磁场中，当线圈平面与磁场方向成 30° 角时，若通过的磁通量为 2.5×10^{-3} Wb，则该磁场的磁感应强度 B 为多少？

第二节　楞次定律*

1. 基础知识

（1）楞次定律：感应电流具有这样的方向，就是感应电流的磁场总要阻碍引起感应电流的磁通量的变化。

（2）右手定则：伸出右手，让拇指跟其余四指垂直，并且都跟手掌在一个平面内，把手放入磁场中，让磁感线垂直穿入手心，拇指指向导体运动的方向，其余四指指的方向就是感应电流的方向。

*2. 例题

如图，老师做了一个物理小实验让学生观察：一轻质横杆两侧各固定一金属环，横杆可绕中心点自由转动，老师拿一条形磁铁插向其中一个小环后，又取出插向另一个小环，同学们看到的现象是（　　）。

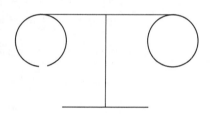

A. 磁铁插向左环，横杆发生转动

B. 磁铁插向右环，横杆发生转动

C. 无论磁铁插向左环还是右环，横杆都不发生转动

D. 无论磁铁插向左环还是右环，横杆都发生转动

[答案]：B

[详解]：右环闭合，在此过程中可产生感应电流，金属环受安培力的作用，横杆转动；左环不闭合，无感应电流，无以上现象。选 B。

3. 练习题

（1）选择题

①如图所示，两个相同的铝环套在一根光滑的杆上，将一条形磁铁向左插入铝环的过程中，两环的运动情况是（　　）。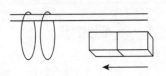

A. 同时向左运动，间距增大

B. 同时向左运动，间距不变

C. 同时向左运动，间距变小

D. 同时向右运动，间距增大

②关于楞次定律，下列说法正确的是（　　）。

A. 感应电流的磁场总是阻碍原磁场的增强

B. 感应电流的磁场总是阻碍原磁场的减弱

C. 感应电流的磁场总是阻碍原磁场的变化

D. 感应电流的磁场总是阻碍原磁通量的变化

③如图所示，把轻质导电线圈用绝缘细线悬挂在磁铁 N 极附近，磁铁的轴线穿过线圈的圆心且垂直于线圈平面，当线圈内通入如图箭头方向的电流后，则线圈（　　）。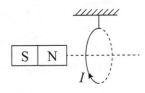

A. 静止不动　　　　　　　　B. 向左运动

C. 无法确定　　　　　　　　D. 向右运动

④如图所示，水平面内的闭合铜线框上方有一条形磁铁，忽略地磁场。为使线框中产生感应电流，可使磁铁和线框（　　）。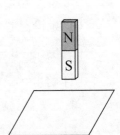

A. 以相同的速度匀速运动

B. 有相对运动

C. 同时开始做自由落体运动

D. 均保持静止

⑤如图所示，光滑的水平绝缘桌面上有一个铝制圆环，圆心的正上方有一个竖直的条形磁铁。若条形磁铁沿竖直方向向上匀速运动，则（　　）。

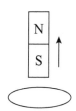

A. 圆环具有面积缩小的趋势

B. 圆环对桌面的压力大于它的重力

C. 圆环对桌面的压力等于它的重力

D. 圆环对桌面的压力小于它的重力

（2）填空题

①如图所示，电流表与螺线管组成闭合电路，将磁铁插入螺线管的过程中，电流表指针_____（选填"偏转"或"不偏转"）；磁铁放在螺线管中不动时，电流表指针_____（选填"偏转"或"不偏转"）。

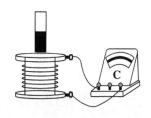

②一灵敏电流计，当电流从它的正接线柱流入时，指针向正接线柱一侧偏转。现把它与一个线圈串联，将磁铁从线圈上方插入或拔出。请完成下列填空：

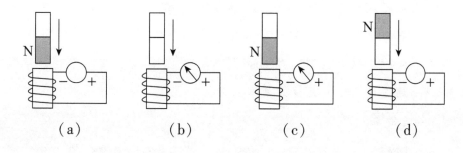

（a）　　　　（b）　　　　（c）　　　　（d）

a. 图（a）中灵敏电流计指针的偏转方向为_____（填"偏向正极"或"偏向负极"）。

b. 图（b）中磁铁下方的极性是_____（填"N 极"或"S极"）。

c. 图（c）中磁铁的运动方向是_____（填"向上"或"向下"）。

  d. 图（d）中线圈从上向下看的电流方向是_____（填"顺时针"或"逆时针"）。

二、 本章知识归纳

1. 同名磁极相互排斥，异名磁极相互吸引。
2. 磁通量用 Φ 表示，单位是韦伯，简称韦，用符号 Wb 表示。
3. 磁通量公式：$\Phi = BS_\perp$。其中，B 是磁场的磁感应强度，$S_\perp$ 是垂直于磁场方向的线圈面积。

三、 书后习题详解

1. ［答案］：D

  ［详解］：根据公式 $\Phi = BS\cos\theta$，其中 θ 为磁感线与线圈平面的夹角，可知在磁感应强度不为 0 而线圈与磁场方向夹角为 0 时，磁通量也为 0，故选项 A 错误；根据公式 $\Phi = BS\cos\theta$，磁感应强度大的地方，如果线圈与磁感线方向夹角大，磁通量可能会小，故选项 B 错误；穿过垂直于磁感应强度方向的某面积的磁感线条数等于该面内的磁通量，故选项 C 错误；根据公式 $\Phi = BS\cos\theta$ 可知，平面跟磁场方向平行时夹角为 0，磁通量为 0，故选项 D 正确。

2. ［答案］：C

  ［详解］：根据公式 $\Phi = BS$，$B = \dfrac{\Phi}{S} = 1.50 \div 0.75 = 2.0$ T。

3. ［答案］：D

  ［详解］：磁通量的单位是韦伯，符号为 Wb。

四、自测题

(一)选择题

1. 将面积为 0.2 m^2 的线圈垂直放在匀强磁场中，已知穿过线圈平面的磁通量是 2.4 Wb，则这个磁场的磁感应强度为＿＿＿＿ T。

2. 将面积为 0.5 m^2 的线圈垂直于磁感线放在匀强磁场中，已知这个磁场的磁感应强度为 5 T，则穿过线圈平面的磁通量是＿＿＿＿ Wb。

*3. 一矩形线圈位于一随时间 t 变化的匀强磁场内，磁场方向垂直线圈所在的平面(纸面)向里，如图 1 所示。磁感应强度 B 随 t 的变化规律如图 2 所示。以 I 表示线圈中的感应电流，以图 1 中线圈上箭头所示的电流方向为正，则下列选项中的 $I-t$ 图像正确的是 (   )。

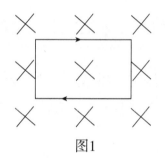

图1

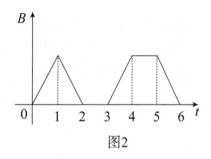

图2

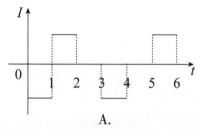

A.

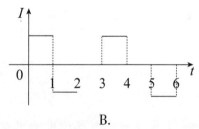

B.

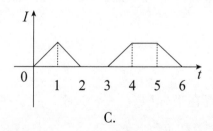

C.

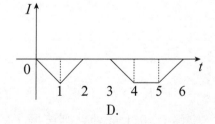

D.

第十章　机械振动和机械波

一、基础知识

第一节　简谐运动

1. 基础知识

（1）振动：物体在平衡位置附近所做的往复运动，叫作机械振动，通常简称为振动。

（2）简谐运动：物体在跟偏离平衡位置的位移大小成正比，并且在总指向平衡位置的回复力的作用下的运动。

（3）振幅：振动物体离开平衡位置的最大距离，叫作振动的振幅。

（4）弹簧振子：如下图为弹簧振子，O 点为它的平衡位置。

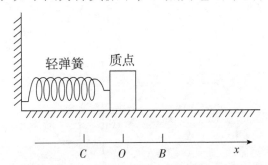

（5）回复力：回复力是根据力的效果命名的，对于弹簧振子，它是弹力。

2. 例题

（1）一简谐振子沿 x 轴振动，平衡位置在坐标原点。$t = 0$ 时，振子在最大位移 $x = 0.1$ m 处，则该振子的振幅为（　　）。

A. 0.2 m　　　　　B. 0.1 m　　　　　C. 0.1 cm　　　　　D. 0.2 cm

［答案］：B

[**详解**]：振子离开平衡位置的最大距离或者位移就是振幅，因为最大位移为 0.1 m，所以振幅为 0.1 m。

（2）弹簧振子在做简谐运动的过程中，当振子的位移最大时（ ）。

A. 速度最大

B. 加速度为 0

C. 速度为 0

D. 回复力为 0

[**答案**]：C

[**详解**]：当振子的位移最大时，回复力最大，加速度最大，速度为 0。

3. 选择题

（1）一个振子完成一次全振动的时间是 0.2 s，那么这个弹簧振子的周期是（ ）。

A. 0.25 s   B. 0.5 s   C. 0.2 s   D. 5 s

（2）一个物体做简谐运动，1 s 内完成了 5 次完整全振动，则该物体的振动周期为（ ）。

A. 0.1 s   B. 0.2 s   C. 0.5 s   D. 1 s

（3）一简谐振子沿 x 轴振动，平衡位置在坐标原点。当 $t = 0$ 时，振子在最大位移 $x = 0.5$ m 处，则该振子的振幅为（ ）。

A. 0.25 m   B. 0.1 m   C. 1 m   D. 0.5 m

第二节 单摆*

1. 基础知识

单摆周期公式：$t = 2\pi\sqrt{\dfrac{l}{g}}$

其中，t 是周期，单位是秒，用符号 s 表示；l 是摆长，单位是米，用符号 m 表示。

2. 例题

有一个单摆，摆长为 10 m，则单摆的周期为_____。

[**答案**]：$t = 2\pi$ s

[**详解**]：根据单摆公式 $t = 2\pi \sqrt{\dfrac{l}{g}}$ ，将 $l = 10$ m 带入，则 $t = 2\pi$ s。

第三节　机械波

1. 基础知识

（1）机械波：由大量质点构成的弹性媒质的整体的一种运动形式。

（2）横波：质点的振动方向与波传播方向垂直的波，叫作横波。

（3）纵波：质点的振动方向跟波传播方向在同一直线上的波，叫作纵波。

第四节　波长、频率和波速

1. 基础知识

（1）波长：在波动中，对平衡位置的位移总是相等的两个相邻质点之间的距离。

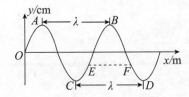

（2）波速：波传播的速度。

（3）波速和波长、周期的关系：$v = \dfrac{\lambda}{T}$
$\begin{cases} v: \text{波速} & \text{单位：米/秒，符号 m/s} \\ \lambda: \text{波长} & \text{单位：米，符号 m} \\ T: \text{周期} & \text{单位：秒，符号 s} \\ f: \text{频率} & \text{单位：赫兹，符号 Hz} \end{cases}$

（4）波速和波长、频率的关系：$v = \lambda f$

2. 例题

（1）一列波的波速为 $v = 30$ m/s，波长为 0.6 m，则此波的周期为（　　）。

A. 0.2 s　　　　B. 0.02 s　　　C. 18 s　　　D. 0.3 s

[答案]：B

[详解]：根据 $v = \dfrac{\lambda}{T}$，得 $T = \dfrac{\lambda}{v} = 0.6 \div 30 = 0.02$ s。

（2）有一列机械波，它的频率为 100 Hz，波速为 200 m/s，那么它的波长为（　　）。

A. 2 m　　　　B. 0.2 m　　　C. 3 cm　　　D. 0.02 m

[答案]：A

[详解]：根据 $v = \dfrac{\lambda}{T}$，得 $\lambda = Tv = \dfrac{1}{f}v = 200 \times \dfrac{1}{100} = 2$ m。

3. 练习题

（1）选择题

①一列波的波速 $v = 0.8$ m/s，波长为 0.4 m，则此波的周期为（　　）。

　A. 0.25 s　　B. 0.2 s　　　C. 2 s　　　D. 0.5 s

②一列波的波长 $\lambda = 20$ m，周期 $T = 2$ s，则波速 v 为（　　）。

　A. 4 m/s　　B. 10 m/s　　C. 15 m/s　　D. 100 m/s

③有一列机械波，它的频率为 100 Hz，波速为 200 m/s，它的波长为（　　）。

　A. 0.5 m　　B. 2 m　　　C. 100 m　　D. 200 m

（2）填空题

①一列波的波长 $\lambda = 20$ m，周期 $T = 2$ s，则波速 v 为_____。

②一列波的波速为 3×10^8 m/s，波长是 500 m，则它的频率是_____ kHz。

二、 本章知识点结构图

机械振动和机械波

机械振动
- 定义：物体在平衡位置附近所做的往复运动，叫作机械振动，通常简称为振动。简谐运动是最基本的振动
- 描述振动的物理量：振幅 A，频率 f，周期 T

简谐运动
- 定义：物体在跟偏离平衡位置的位移大小成正比，并且在总指向平衡位置的回复力的作用下的运动
- 特征：$F_回 = -kx$
- 简谐运动的振动图像：正弦或余弦曲线（纵轴表示位移 s，横轴表示时间 t）
- 能量转化：机械能守恒
- 实例：弹簧振子，单摆（回复力 $F = -\dfrac{mgx}{l}$，周期 $t = 2\pi \sqrt{\dfrac{1}{g}}$ ）
- 应用：利用单摆测定各地重力加速度 g 的大小

机械波
- 定义：由大量质点构成的弹性媒质的整体的一种运动形式，产生的必要条件是振源 + 传播介质
- 描述波的物理量：波长 λ，波速 v，频率 f，周期 T （$f = \dfrac{1}{T}$）
- 横波和纵波：质点的振动方向与波传播方向垂直的波，叫作横波；质点的振动方向跟波传播方向在同一直线上的波，叫作纵波
- 图像特征：正弦或余弦曲线（纵轴 y 表示某一时刻质点偏离平衡位置的位移，横轴 x 表示波的传播方向上各质点的平衡位置与参考点的距离）

三、　书后习题详解

1. [答案]：A

   [详解]：振子在平衡位置时回复力的值为 0，加速度为 0，位移为 0，速度值最大，所以选 A。

2. [答案]：D

   [详解]：不管当质点是位移正的最大值还是负的最大值，质点的速度都为 0，当位移为正的最大值时，力的方向与位移方向相反，所以加速度的方向与力的方向相反，方向为负，所以选 D。

3. [答案]：A

   [详解]：由于动能是标量，所以动能一定相同；位移是由初始位置指向末位置，所以位移也相同；加速度都是与回复力的方向相同，只有速度不相同，是因为速度的方向不相同，所以选 A。

4. [答案]：B

   [详解]：波沿 x 轴正方向传播，在某一时刻距波源 5 cm 的 A 点运动到负最大位移时，距波源 8 cm 的 B 点恰在平衡位置且向上运动，根据波形得到，A、B 间至少是 $\dfrac{3}{4}$ 完整波形，则 A、B 间距离 $\Delta x = \left(n + \dfrac{3}{4} \right)\lambda$，$n = 0$，

   1，2，… 波长 $\lambda = \dfrac{4\Delta x}{4n+3} = \dfrac{4(8-5)}{4n+3} = \dfrac{12}{4n+3}$ cm。

   当 $n = 0$ 时，$\lambda = 4$ cm，所以频率 $f = 6 \div 0.04 = 150$ Hz。因为 n 是整数，λ 不可能等于 12 cm，所以选项 B 正确。

5. [答案]：C

   [详解]：选项 A 中速度为 0 不正确，速度应该为最大；选项 B 中速度应该为 0；选项 D 中振动周期应该是 4 s，所以应该选 C。

6. [答案]：D

   [详解]：$t = 4$ s 时，物体处于位移正的最大值，在位移最大值处，物体的速度为 0，加速度最大，因为是正的最大值，所以加速度方向为负值，所以选 D。

7. [答案]：B

[详解]：振子的振幅是纵坐标最大，所以为0.1，周期看横坐标，为2 s，所以选B。

8. [答案]：A

[详解]：从图中可以看出，半个波长是5 m，所以 $\lambda = 10$ m。$v = 20$ m/s，根据 $v = \dfrac{\lambda}{T}$，得 $T = \dfrac{\lambda}{v} = 10 \div 20 = 0.5$ s。所以选A。

9. [答案]：C

[详解]：图像中 x 轴为波长，所以波长为0.4 m，振幅为5 cm，所以选C。

10. [答案]：B

[详解]：当振子位移最大时，回复力最大，加速度最大，速度为0，所以选B。

11. [答案]：B

[详解]：题目中，$v = 300$ m/s，$f = 100$ Hz。根据 $v = \dfrac{\lambda}{T}$，得 $\lambda = \dfrac{v}{T} = vf = 300 \times 0.01 = 3$ m。

12. 解：

由图像可知，波长 $\lambda = 0.4$ m，$v = 2$ m/s，所以 $T = 0.2$ s，在2.5 s内有 $2.5 \div 0.2 = 12.5$ 个周期，所以路程为 $12 \times (4 \times 5) + 1 \times (2 \times 5) = 250$ cm $= 2.5$ m。

由于剩下半个周期，所以位移为0。

四、 自测题

(一) 基础检测

1. 振动物体离开平衡位置的最大距离，叫作振动的＿＿＿＿＿＿。

2. 当振子的位移最大时，回复力＿＿＿＿＿＿，加速度＿＿＿＿＿＿，速度为＿＿＿＿＿＿。

3. 单摆的公式是＿＿＿＿＿＿。

4. 波速和波长、周期的公式是＿＿＿＿＿＿。

5. 波速和速长、频率的公式是_____。

6. 周期和频率的关系是_____。

7. 周期的单位是_____，频率的单位是_____。

（二）选择题

1. 弹簧振子在做简谐振动的过程中，振子在平衡位置时（　　）。

   A. 速度最大　　　　　　　　B. 速度为 0

   C. 加速度最大　　　　　　　D. 回复力最大

2. 下图为一列简谐波在 $t=0$ 时的波动图像，波速为 2 m/s，则该简谐波的波长为（　　）。

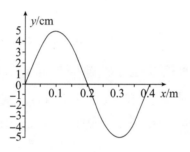

   A. 0.2 m　　　　　B. 0.4 m　　　　　C. 0.4 cm　　　　D. 5 cm

3. 一列简谐波沿 x 轴正方向传播，波速 $v=20$ m/s，$t=0$ 时刻的波形如图所示，则该简谐波的周期是（　　）。

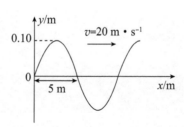

   A. 0.5 s　　　　　B. 4 s　　　　　C. 0.25 s　　　　D. 2 s

4. 一个弹簧振子完成一次全振动的时间是 0.5 s，那么这个弹簧振子的振动频率是（　　）。

   A. 0.3 Hz　　　　　B. 0.5 Hz　　　　　C. 2 Hz　　　　D. 10 Hz

5. 一列机械波上，振动位移总是相同的两个相邻质点间的距离为 8 cm，则该机械波的波长为（　　）。

A. 2 cm　　　　　B. 0.4 m　　　　　C. 8 cm　　　　　D. 16 m

（三）填空题

1. 一简谐振子沿 x 轴振动，平衡位置在坐标原点，如下图所示，则该振子的周期为_____。

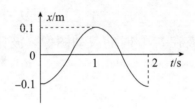

2. 波长为 2 m 的机械波，频率为 25 Hz，那么它的传播速度是_____。

3. 一列机械波，波长 12 m，波速为 5 m/s，其周期为_____ s。

4. 某物体做匀速圆周运动的周期 T 为 1 s，则它的频率 f 为_____。

5. 一列机械波，波长为 24 m，周期为 6 s，其波速为_____ m/s。

第十一章 热 学

一、基础知识

第一节 分子*

基础知识

（1）热学：热学是物理学的一个组成部分，它研究的是热现象的规律。

（2）热现象：凡是跟温度有关的现象都叫作热现象。

（3）分子：构成物质的微粒是多种多样的，有原子、离子、分子等。在热学中，这些微粒做热运动是遵从相同规律的，所以统称为分子。

第二节 理想气体状态方程

1. 基础知识

（1）温度：温度在宏观上表示物体的冷热程度，在微观上是分子平均动能的标志。

（2）热力学温度和摄氏温度：热力学温度是国际单位制中的基本量之一，用符号 T 表示，单位是开尔文，简称开，用符号 K 表示；摄氏温度是导出单位，用符号 t 表示，单位是摄氏度，用符号℃表示。两者之间的关系是：$T = t + 273.15$ K。

（3）体积：气体总是充满它所在的容器，所以气体的体积总是等于盛装气体的容器的容积，用字母 V 表示，单位是 m^3（立方米）。

（4）压强：气体的压强是由于气体分子频繁碰撞器壁而产生的，用字母 p 表示，单位是帕斯卡，简称帕，用符号 Pa 表示。

（5）理想气体状态方程：一定质量的理想气体的压强、体积的乘积与热力学温度的比值是一个常数。公式为：

$$\frac{p_1 V_1}{T_1} = \frac{p_2 V_2}{T_2} = nR = C$$

注意：计算时公式两边 T 必须统一为热力学温度单位。

2. 例题

（1）一定质量的理想气体，温度为 T，气体的压强由 p 变为 $2p$。当气体的体积由 V 变为 $\frac{V}{2}$ 时，气体的温度变为_____。

[**答案**]：T

[**详解**]：压强由 p 变为 $2p$，体积由 V 变为 $\frac{V}{2}$，

带入公式 $\frac{p_1 V_1}{T_1} = \frac{p_2 V_2}{T_2}$，变为 $\frac{pV}{T} = \frac{2p \cdot \dfrac{V}{2}}{T^2}$，得 $T_2 = T$。

可知，温度仍为 T。

（2）右图所示为一定质量理想气体的三个过程的曲线，其中，等温变化为（   ），等容变化为（   ），等压变化为（   ）。

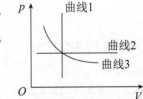

A. 曲线 1   B. 曲线 2

C. 曲线 3   D. 无法判断

[**答案**]：C；A；B

[**详解**]：等温变化温度不变，体积 V 和气体压强 p 发生变化，为曲线 3；等容变化容积也就是体积 V 不变，为曲线 1；等压变化气体压强 p 不变，为曲线 2。

3. 练习题

（1）选择题

①如图所示为一定质量的理想气体的两个过
程的曲线，它们分别是（   ）。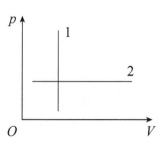

A. 1 为等容过程、2 为等压过程

B. 1 为等温过程、2 为等容过程

C. 1 为等压过程、2 为等温过程

D. 1 为等压过程、2 为等容过程

②对于一定质量的气体，在温度不变的情况下，如果它的压强减小，
则它的体积（   ）。

A. 增加　　　　B. 减小　　　　C. 不变　　　　D. 无法判断

③右图为一定质量的理想气体的三个过程的
曲线，那么曲线 2 是（   ）。

A. 等温变化

B. 等容变化

C. 等压变化

D. 无法判断

④室温 $t = 20$ ℃ 对应的热力学温度 T 为（   ）。

A. 293.15 K　　B. 293.15 ℃　　C. 253.15 K　　D. 253.15 ℃

⑤一定质量的理想气体，其初始状态的温度为 T、体积为 V、压强为
p，当该理想气体的体积和压强均变为初始状态的一半时，温度变
为（   ）。

A. $4T$　　　　B. $0.25T$　　　　C. $0.5T$　　　　D. $1T$

⑥一定质量的理想气体，在温度不变的情况下，体积增加为原来的 2
倍，气体的压强从最初的 p_0 变化为 p，则（   ）。

A. $p = 0.5p_0$　　　　　　　　　B. $p = 2p_0$

C. $p_0 < p < 2p_0$　　　　　　　D. $0.5p_0 < p < p_0$

（2）填空题

①一定质量的理想气体，气体的温度为 T，体积为 V，压强为 p，当气体的温度和体积都变为原来的 3 倍时，气体的压强为＿＿＿＿＿。

②一定质量的理想气体，密闭于体积不变的容器内，气体的压强 $p_1 = 2 \times 10^5$ Pa，温度 $T_1 = 300$ K。当气体的温度升到 $T_2 = 600$ K 时，气体的压强变为 $p_2 = $ ＿＿＿＿＿ Pa。

③一定质量的理想气体，气体的压强为 p，当气体的体积变为原来的 2 倍时，气体的温度不变，气体的压强为＿＿＿＿＿。

二、 本章知识点结构图

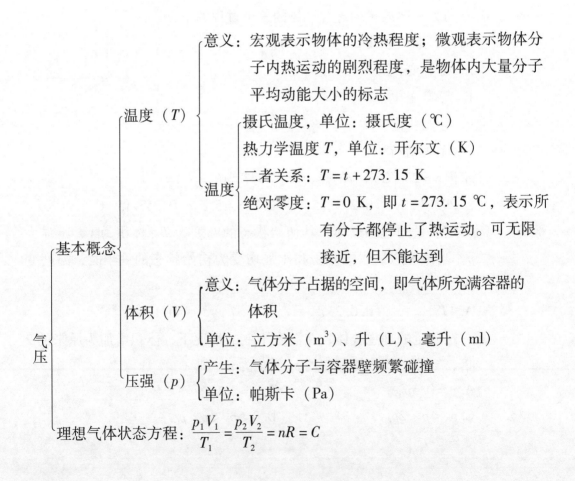

意义：宏观表示物体的冷热程度；微观表示物体分子内热运动的剧烈程度，是物体内大量分子平均动能大小的标志

温度（T）

温度

摄氏温度，单位：摄氏度（℃）

热力学温度 T，单位：开尔文（K）

二者关系：$T = t + 273.15$ K

绝对零度：$T = 0$ K，即 $t = 273.15$ ℃，表示所有分子都停止了热运动。可无限接近，但不能达到

基本概念

体积（V）

意义：气体分子占据的空间，即气体所充满容器的体积

单位：立方米（m^3）、升（L）、毫升（ml）

压强（p）

产生：气体分子与容器壁频繁碰撞

单位：帕斯卡（Pa）

气压

理想气体状态方程：$\dfrac{p_1 V_1}{T_1} = \dfrac{p_2 V_2}{T_2} = nR = C$

三、　书后习题详解

1. ［答案］：A

［详解］：曲线 1 体积 V 不变，是等容过程；曲线 2 压强 p 不变，是等压过程；曲线 3 为曲线，是等温变化，所以选 A。

2. ［答案］：D

［详解］：根据理想气体状态方程：$\dfrac{pV}{T}$ = 恒量。不论 p、V、T 中几个参量如何改变，$\dfrac{pV}{T}$ 的值总不变，所以选 D。

3. ［答案］：A

［详解］：根据理想气体状态方程：$\dfrac{p_1V_1}{T_1} = \dfrac{p_2V_2}{T_2}$。状态 A 到状态 B 是等压过程，即 p 不变，那么理想气体状态方程可以写成 $\dfrac{V_1}{T_1} = \dfrac{V_2}{T_2}$，将 $V_1 = 0.3$ m³，$T_1 = 300$ K，$T_2 = 400$ K 代入，可以得到 $V_2 = 0.4$ m³，所以选 A。

4. ［答案］：C

［详解］：根据理想气体状态方程：$\dfrac{pV}{T}$ = 恒量。当温度 T 不变，压强 p 变大时，体积 V 变小，才能保证 $\dfrac{pV}{T}$ 的值不变，所以选 C。

5. ［答案］：C

［详解］：曲线 2 气体压强 p 保持不变，是等压变化，所以选 C。

6. ［答案］：A

［详解］：根据理想气体状态方程：$\dfrac{pV}{T}$ = 恒量。如果气体的压强 p 和体积 V 都不变，温度 T 一定不变，所以选项 A 正确；如果温度 T 不变，pV 一定不变，所以选项 B 错误；如果温度 T 升高，pV 一定增大，所以选项 C 错误；如果温度 T 降低，pV 一定变小，所以选项 D 错误。

7. ［答案］：D

［详解］：根据理想气体状态方程：$\dfrac{p_1V}{T_1} = \dfrac{p_2V_2}{T_2}$。将选项 A 中的 $p_1 = p_2$，

$V_1 = 2V_2$ 代入方程左边：$\dfrac{p_2 \cdot 2V_2}{T_1} = \dfrac{p_2 V_2}{T_2}$，可以得出 $T_1 = 2T_2$，所以选项 A

错误；同样将选项 B 中的 $p_1 = p_2$，$V_1 = \dfrac{V_2}{2}$ 代入理想气体状态方程，可以

得出 $T_1 = \dfrac{T_2}{2}$，所以选项 B 错误；将选项 C 中的 $p_1 = 2p_2$，$V_1 = 2V_2$ 代入理

想气体状态方程，可以得出 $T_1 = 4T_2$，所以 C 错误；将选项 D 中的 $p_1 =$

$2p_2$，$V_1 = V_2$ 代入理想气体状态方程，可以得出 $T_1 = 2T_2$，所以 D 正确。

选 D。

8. ［答案］：$V_1 < V_2 < V_3$

［详解］：根据理想气体状态方程：$\dfrac{pV}{T} =$ 恒量。体积 V 和温度 T 成正比，当

气体的压强 p 不变时，从下图可以看出 $T_1 < T_2 < T_3$，所以有 $V_1 < V_2 < V_3$。

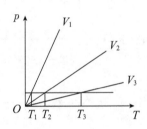

9. ［答案］：$2p$

［详解］：根据理想气体状态方程：$\dfrac{pV}{T} =$ 恒量。如果气体的体积 V 不变，

压强 p 和温度 T 成正比，温度 T 升为 $2T$，那么气体的压强变为 $2p$。

10. ［答案］：$\dfrac{p}{2}$

［详解］：根据理想气体状态方程：$\dfrac{pV}{T} =$ 恒量。如果气体的温度 T 不变，

压强 p 和体积 V 成反比，体积 V 变为 $2V$，那么气体的压强变为 $\dfrac{p}{2}$。

四、 自测题

选择题

1. 一定质量的理想气体由状态 A 变为状态 B，$A \rightarrow B$ 是等压过程。已知状态 A 的体积 $V_A = 0.6 \text{ m}^3$、温度 $T_A = 300 \text{ K}$，状态 B 的温度 $T_B = 400 \text{ K}$，则状态 B 的体积 V_B 为（　　）。

   A. 0.8 m^3 　　　B. 0.6 m^3 　　　C. 0.4 m^3 　　　D. 0.2 m^3

2. 一定质量的理想气体，在某一平衡状态下的压强、体积和温度分别为 p_1、V_1、T_1，在另一平衡状态下的压强、体积和温度分别为 p_2、V_2、T_2。下列关系正确的是（　　）。

   A. $p_1 = p_2$，$V_1 = 3V_2$，$T_1 = T_2/3$

   B. $p_1 = p_2$，$V_1 = V_2/3$，$T_1 = 3T_2$

   C. $p_1 = 3p_2$，$V_1 = 3V_2$，$T_1 = 3T_2$

   D. $p_1 = 3p_2$，$V_1 = V_2$，$T_1 = 3T_2$

3. 右图所示为一定质量的理想气体的三个过程的曲线，其中曲线 3 是（　　）。

   A. 等温变化

   B. 等容变化

   C. 等压变化

   D. 无法判断

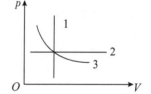

4. 右图为一定质量的理想气体在 p–T 图中分别为 V_1、V_2 和 V_3 的三条等容图线，由此图像可知 V_1、V_2 和 V_3 的关系是（　　）。

   A. $V_1 > V_2 > V_3$

   B. $V_1 = V_2 = V_3$

   C. $V_1 < V_2 < V_3$

   D. 无法判断

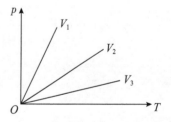

5. 右图为一定质量的理想气体分别为温度 T_1 和 T_2 时的两条等温曲线，则（　　）。

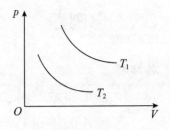

A. $T_1 > T_2$

B. $T_1 = T_2$

C. $T_1 < T_2$

D. 无法判断

第十二章　几何光学

一、基础知识

光的直线传播和光速

1. 基础知识

（1）光的直线传播：在同一种均匀介质中，光是沿直线传播的。

（2）光的反射定律：反射光线、入射光线和法线在同一平面内，反射光线和入射光线分别位于法线的两侧，反射角等于入射角。

（3）光的折射定律：折射光线跟入射光线和法线在同一平面内，折射光线和入射光线分别位于法线两侧，入射角的正弦和折射角的正弦成正比，这就是光的折射定律，即 $n = \dfrac{\sin i}{\sin r}$。其中，$i$ 是光在真空中与法线的夹角，即入射角；r 是光在介质中与法线之间的夹角，即折射角；n 是折射率。

（3）全反射*：光传播到两种介质的界面时，通常要发生反射和折射现象，若满足了某种条件，光线不再发生折射现象，而全部返回到原介质中传播的现象叫全反射现象。一般，临界角的表达式为：$\sin C = \dfrac{1}{n}$。其中，C 为临界角。

2. 例题

（1）人在太阳下会有影子，这是因为（　　）。

　　A. 光的折射　　B. 光的反射　　C. 光的直线传播　　D. 光的全反射

[答案]：C

[详解]：影子、月食、日食和小孔成像都是由于光沿直线传播产生的。

（2）一束光线从空气射入某介质，如入射光线与界面的夹角为30°，折射光线与界面的夹角为60°，则该介质的折射率为（　　）。

A. $\sqrt{3}$　　　　　B. $\dfrac{\sqrt{3}}{2}$　　　　　C. $\dfrac{\sqrt{3}}{3}$　　　　　D. $\sqrt{2}$

[答案]：A

[详解]：入射光线与界面的夹角为30°，入射角为入射光线与法线的夹角，那么入射角 i 大小为60°；折射光线与界面的夹角为60°，折射角为折射光线与法线的夹角，那么折射角 r 为30°。由光的折射定律 $n = \dfrac{\sin i}{\sin r}$，折射率 $n = \dfrac{\sin 60°}{\sin 30°} = \sqrt{3}$。

（3）一束光线射到平面镜上，若入射角为45°，则反射角是（　　）。

A. 15°　　　　　B. 30°　　　　　C. 45°　　　　　D. 60°

[答案]：C

[详解]：由光的反射定律，入射角等于反射角。

3. 练习题

（1）选择题

①下列四种现象中，由光的直线传播形成的是（　　）。

　A. 游泳池中的水看起来比实际浅

　B. 镜子中可以看见物体的像

　C. 影子

　D. 彩虹

②一束光射到平面镜上，若入射角为60°，则反射角是（　　）。

　A. 15°　　　　B. 30°　　　　C. 45°　　　　D. 60°

③光从空气斜射入水，下列各选项中符合光的折射规律的是（　　　）。

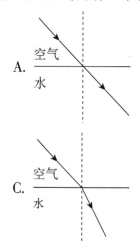

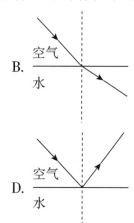

（2）填空题

①一条单色光线从空气射入玻璃中，若入射角为60°，折射角为30°，则该玻璃的折射率为_____。

②一束光线射到平面镜上，若入射角与平面镜的夹角为15°，则反射角是_____。

③光线从空气射入介质中时，入射角 $i=45°$，折射角 $r=30°$。若空气折射率 $n=1$，则介质的折射率为_____。

二、 本章知识点结构图

几何光学 $\begin{cases} \text{光的直线传播} \\ \text{（均匀介质）} \end{cases}$ $\begin{cases} \text{影子、月食、日食、小孔成像} \\ \text{真空中光速：} c=3.0\times10^8\,\text{m/s} \end{cases}$

$\begin{cases} \text{光的反射定律} \\ (\theta_1=\theta_2) \end{cases}$ $\begin{cases} \text{反射光线、入射光线与法线在同一平面} \\ \text{反射光线和入射光线分别位于法线的两侧} \\ \text{反射角等于入射角} \end{cases}$

$\begin{cases} \text{光的折射定律} \\ \left(n=\dfrac{\sin i}{\sin r}\right) \end{cases}$ $\begin{cases} \text{折射光线、入射光线与法线在同一平面} \\ \text{折射光线和入射光线分别位于法线的两侧} \\ \text{入射角的正弦和折射角的正弦成正比} \end{cases}$

三、 书后习题详解

1. [答案]：A

   [详解]：根据光的折射定律，光从空气斜射入玻璃时，入射光线和折射光线分别位于法线的两侧，折射角小于入射角，所以选 A。

2. [答案]：D

   [详解]：入射角 i 为 $45°$，折射角 r 为 $30°$，由光的折射定律 $n = \dfrac{\sin i}{\sin r}$，

   折射率 $n = \sin45° \div \sin30° = \sqrt{3}$，所以选 D。

3. [答案]：B

   [详解]：当光线从一种透明物体垂直射入另一种介质时，其传播方向不变，故选项 A 错误，选项 B 正确；当光线从水中斜射入空气时，折射角大于入射角，故选项 C 错误；当光线从空气斜射入水中时，折射角小于入射角，故选项 D 错误。

4. [答案]：A

   [详解]：已知入射角为 $15°$，根据光的反射定律，反射角等于入射角，因此反射角也是 $15°$，所以选 A。

5. [答案]：A

   [详解]：入射角 i 为 $45°$，折射率 $n = \sqrt{2}$，由光的折射定律 $n = \dfrac{\sin i}{\sin r}$，

   $\sqrt{2}\sin45° \div \sin r$，所以折射角 r 为 $30°$，所以选 A。

6. [答案]：A

   [详解]：生活中由于光沿直线传播造成的现象有影子的形成、小孔成像、日食、月食等，所以选 A。

7. [答案]：$\dfrac{\sqrt{6}}{2}$

   [详解]：入射角 i 为 $60°$，折射角 r 为 $45°$，由光的折射定律 $n = \dfrac{\sin i}{\sin r}$，

   折射率 $n = \sin60° \div \sin45° = \dfrac{\sqrt{6}}{2}$。

8.［答案］：30°

　　［详解］：入射角 i 为 60°，折射率 $n=\sqrt{3}$，由光的折射定律 $n=\dfrac{\sin i}{\sin r}$，

　　$\sqrt{3}=\sin 60°\div \sin r$，所以折射角 r 为 30°。

9.［答案］：60°

　　［详解］：已知入射角 i 为 30°，根据光的反射定律，反射角等于入射角，因此反射角也是 30°，已知反射光线与折射光线夹角为90°，折射角 $r=180°-30°-90°=60°$。

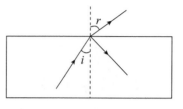

10.［答案］：$\sqrt{3}$

　　［详解］：入射角 i 为 60°，折射角 r 为 30°，由光的折射定律 $n=\dfrac{\sin i}{\sin r}$，

　　折射率 $n=\sin 60°\div \sin 30°=\sqrt{3}$。

四、　自测题

（一）填空题

1. 如图所示，一束与水平面成30°角的光线照向一种透明介质中，进入该介质的光线与水平面的夹角为45°。该液体的折射率为_____。

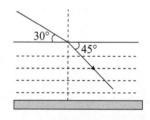

2. 一束光线射到平面镜上，若入射角为15°，则反射角为_____。

3. 光线从空气射入某介质中时，入射角 $i=60°$，折射角 $r=30°$。取空气折射率为 $n=1.0$，则介质的折射率为_____。

(二)选择题

1. 下列能正确反映光线从空气斜射入水中的是（　　）。

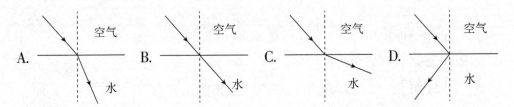

2. 一条单色光线从空气射入玻璃中，若入射角为45°，折射角为30°，则该玻璃的折射率为（　　）。

   A. $\sqrt{3}$ B. $\dfrac{\sqrt{3}}{2}$ C. $\dfrac{\sqrt{3}}{3}$ D. $\sqrt{2}$

3. 一条单色光线从空气射入玻璃中，若入射角为45°，玻璃的折射率为$\sqrt{2}$，则玻璃中的折射角为（　　）。

   A. 30°   B. 45°   C. 60°   D. 90°

4. 下列现象的产生原因是光的直线传播的是（　　）。

   A. 旗杆在太阳照射下产生影子   B. 彩虹

   C. 水中的筷子看起来是弯折的   D. 镜子中可以看到自己

5. 一束单色光从水溶液射入空气中，若入射角为30°，折射角为45°，则水溶液的折射率为（　　）。

   A. $\sqrt{3}$ B. $\dfrac{\sqrt{3}}{2}$ C. $\dfrac{\sqrt{3}}{3}$ D. $\sqrt{2}$